BIAD 2020 优秀工程设计

北京市建筑设计研究院有限公司　主编

中国建筑工业出版社

编制委员会	徐全胜	张　宇	郑　实	邵韦平
	奚　悦	陈彬磊	徐宏庆	孙成群
主　　编	邵韦平	奚　悦		
执行主编	郑　实	柳　澎	朱学晨	王　怡
	张　帆	康　洁		
美术编辑	康　洁			
建筑摄影	（中：按姓氏拼音排名；外：按首字母排名）			
	陈　鹤	陈俊伟	陈　溯	杜佩韦
	傅　兴	韩金波	金峰哲	李强强
	李　阳	梁超英	刘　佳	刘锦标
	刘育麟	柳　笛	鲁立强	吕　博
	裴　雷	盛诚磊	石　华	舒　赫
	田　丁	汪　远	王　戈	王　鹏
	王祥东	王亦知	王英童	吴吉明
	夏　至	杨超英	张博源	张虔希
	赵甜甜	曾　威	周　利	朱道平
	朱　勇	BPI	Charles Netzler	

SCM Southern Corridor Malaysia

业主提供

序

北京市建筑设计研究院有限公司（BIAD）是与共和国同龄的专注于建筑设计主业的大型设计机构。为了展示 BIAD 在工程设计领域取得的成果，现将荣获 2020 年度优秀工程一、二等奖的项目资料集结成册。作品集中收录的每一项工程都凝聚了设计师们的心血和汗水，体现出 BIAD 人的社会责任与担当。

BIAD 优秀工程评选，从建筑的创作理念、社会贡献、技术创新、功能布局、造型设计、结构和机电系统选型、经济环保、工程控制力与完成度、使用感受等多方面，进行了全面综合的评估。

依据 BIAD《优秀工程设计奖评选管理办法》，经过部门申报、材料初审，来自 26 个主申报部门（含下属公司）的 72 个项目参加了本年度的优秀工程评选。评审过程公开透明，初评专家是来自各年龄层的优秀设计师代表，终评专家由公司高层领导和有影响的社会专家担任。经过评选，涌现了一批高质量并具有突出社会影响力的建筑作品，表现出较高的完成度和专业整合能力。获奖项次总计 109 项，其中优秀工程设计奖 50 项次（公共建筑 46 项次，居住区规划及居住建筑 4 项次），优秀规划设计奖 8 项次，优秀专业设计奖 26 项次，优秀专项设计奖 20 项次，特别奖 5 项次。最终有 45 项设计成果收入作品集，这些作品各具特色，如北京大兴国际机场旅客航站楼及综合换乘中心，建筑的流动造型具有标志性，放射型及径向化设计紧凑、高效，提升了旅客体验，空间体验感丰富而强烈、具有趣味性，实现了建筑与城市交通、人文生活、功能形式、生态技术的高度整合； 丽泽 SOHO 扭转的中庭具有强烈的动感，形成独特的空间体验，丰富的建筑形态带来的结构、机电布置、幕墙建造等领域复杂的技术问题均得到了很好的解决；中信大厦项目造型独特飘逸，丰富了首都天际线，成为新的城市地标建筑，通过设计和专项研究，解决了由于建筑高度特殊性带来的相关技术难题和挑战，在超高层设计及建造加工方面取得多项技术突破；2019 中国北京世界园艺博览会国际馆以其对环境的尊重融合、展厅功能的灵活性和适应性、舒缓大气的造型，提供了高品质展览空间，是整体理念协调统一、全方位一体化的设计实施作品；援科特迪瓦阿比让体育场结合当地气候特点，采用低技术生态设计，降低场馆多方位成本，同时以本土化的材质、色彩等塑造出建筑的地域特征，造型及空间处理具有地域文化特色；北京小汤山医院升级改造应急工程（新建 1500 床临时病房）及配套项目，是快速建设应急医院的典范，分区明确、流线清晰、配套完善，在空间、色彩等设计细节中体现人文关怀。

通过 BIAD 优秀工程评选，我们见证了 BIAD 奉献给时代的又一批建筑精品，见证了 BIAD 人作为城市风貌的塑造者、北京设计品牌的承载者、人民美好生活的助推者、行业发展的引领者为社会所做出的卓越贡献。在此，向所有为社会发展和 BIAD 品牌建设付出艰辛努力的各位同事表示衷心的感谢！同时也应看到，我们仍有很长的路要走，提高原创设计能力是 BIAD 的立足之本；走专业化、精细化设计道路是我们必须坚持的方向；更高的建筑品质是我们永不停息的追求；建筑服务社会是我们的理念和宗旨。

编委会

目录

序

北京大兴国际机场旅客航站楼及综合换乘中心   008
北京大兴国际机场停车楼及制冷站   016
中信大厦   020
丽泽 SOHO   026
CBD 核心区 Z13 - 国寿金融中心   034
小米移动互联网产业园   040
北京大兴国际机场东航基地项目核心工作区一期   048
铁科院办公区科研业务用房 1-3 号楼   052
西城区大古片金融办公区 C 座、D 座   056
黄陵县新区幼儿园   060
中国石油大学（华东）图书馆（二期）   064
北京经济管理职业学院教学综合楼   068
中共北京市委党校综合教学楼   072
2019 中国北京世界园艺博览会国际馆   076
2019 中国北京世界园艺博览会植物馆   082
又见敦煌剧场   088
只有峨眉山演艺剧场   092
荷兰花海"只有爱"梦幻剧场   096
北京市档案馆新馆   100
北京小汤山医院升级改造应急工程
（新建 1500 床临时病房）及配套项目   104
首都医科大学宣武医院改扩建一期   110
三亚海棠湾阳光壹酒店   114
2019 中国北京世界园艺博览会世园村酒店   120

羲皇圣地美景庄园（一期）   124
南宁吴圩国际机场过夜用房   128
北京大学医学部综合游泳馆   132
马来西亚拉庆苏丹依布拉欣体育馆   138
援科特迪瓦阿比让体育场   142
包商银行商务大厦   148
水木一方大厦   156
海峡青少年活动中心   160
兰州新区人民法院审判法庭   164
北京航空航天大学先进制造和空天材料实验楼
（北区实验楼、5 号实验楼）   168
三联韬奋书店三里屯店   172
中船系统院翠微科研办公区改造   176
钓鱼台国宾馆六号楼综合改造   180
高碑店列车新城项目一期（低层多层部分）   186
天恒摩墅   192
石景山八角南里综合改造   196
北京市西城区西长安街区更新城市设计   200
北京大兴国际机场控制性详细规划及城市设计   206
丽泽金融商务区规划优化提升   210
什刹海风景区复兴规划   214
东华门街道故宫王府井片区设计
——南北池子大街街道空间提升规划   216
长安街及其延长线环境提升设计   220

其他获奖项目   224

北京大兴国际机场旅客航站楼及综合换乘中心

一等奖 • 城市交通建筑		建设地点 • 北京市大兴区	设计时间 • 2015.01
专项奖 • 结构	给水排水	用地面积 • 279.00 hm²	建成时间 • 2019.06
暖通空调	电气	建筑面积 • 78 万 m²	合作设计 • 中国民航机场建设
抗震	智能化	建筑高度 • 50.92 m	集团公司
景观			

项目为国家重大标志性工程，目前建成部分满足先期年旅客量 4500 万人次的要求。设计秉承"以旅客为中心"的原则：五指廊放射构型为世界首创，使旅客步行距离缩短；地下实现轨道交通零换乘；世界首创双层出港高架桥及楼内层双出港厅布局，到港功能分为国内和国际双层布置；航站楼拥有国内同类建筑中最为丰富的商业服务设施。

项目采用创新层间"减隔震"设计和整合建筑外观、内装、结构、热工的一体化大跨度外围护系统，形成中央采光天窗、C 形柱等空间焦点；通过搭建数字协同平台，整合航站楼各专项设计，将公共艺术设计纳入建筑专项设计计划；同时也是全国首个同时获得绿色建筑三星级和节能 3A 认证的机场航站楼建筑。

设计总负责人 • 王晓群 王亦知 刘琮 万昊
项目经理 • 董建中 崔屹岩
建筑 • 王晓群 徐全胜 王亦知 刘琮 万昊
　　　 门小牛 张永前 房萍
结构 • 束伟农 朱忠义 祁跃 张翀 秦凯
设备 • 韩维平 谷现良 穆阳
电气 • 刘侃 范士兴 李恒晖
经济 • 高峰

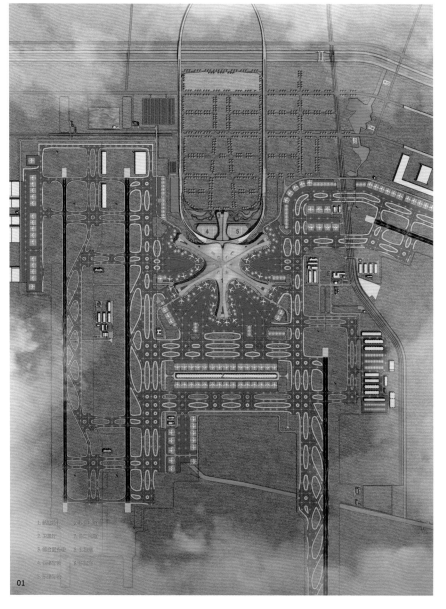

1. 航站楼
2. 卫星厅
3. 综合服务楼
4. 国家会展
5. 东停车楼

01

02

对页 01 总平面图　　本页 03 鸟瞰实景
　　 02 四层出发车道　　 04 剖透视

03

04

本页 05 内景中轴线

06 轴线回看

07 空侧峡谷

对页 08 单侧峡谷

09 地下一层平面图

下一跨页 10 C柱

11 首层平面图

12 二层平面图

13 三层平面图

14 四层平面图

08

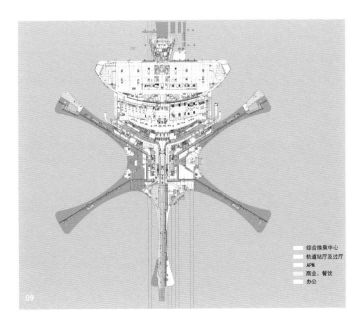

09

综合换乘中心
轨道站厅及过厅
APM
商业、餐饮
办公

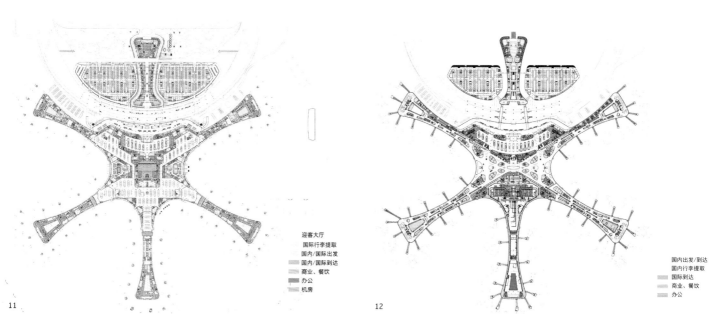

11

12

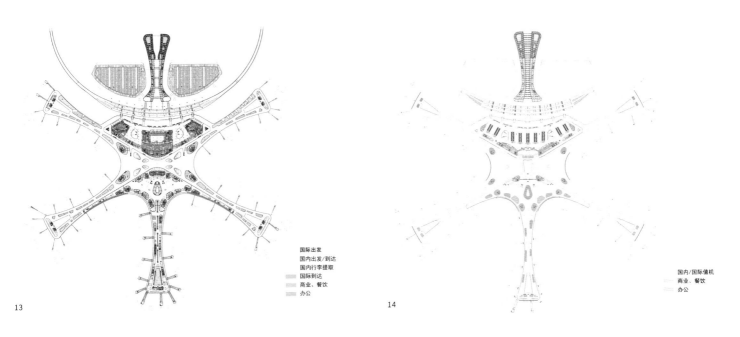

13

国际出发
国内出发/到达
国内行李提取
国际到达
商业、餐饮
办公

14

国内/国际值机
商业、餐饮
办公

本页 15 概念分析图
16 瓷园人视图
17 茶园人视图
18 中国园人视图
19 丝园俯视图

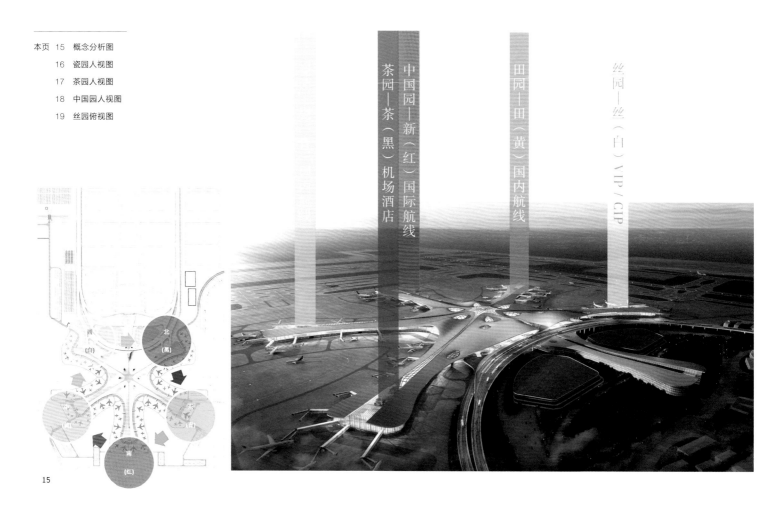

茶园—茶（黑）机场酒店
中国园—新（红）国际航线
田园—田（黄）国内航线
丝园—丝（白）VIP/CIP

15

16

17

18

19

本页 20 中国园平面图
21 丝园平面图
22 田园平面图

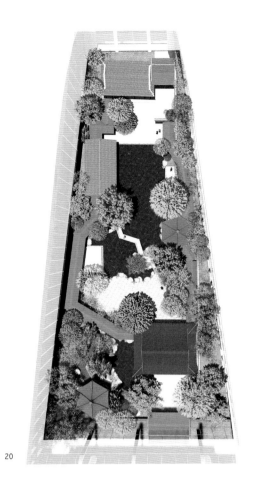

20

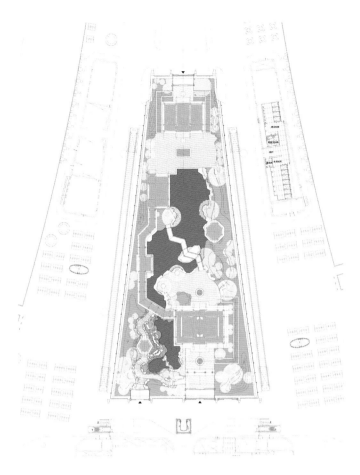

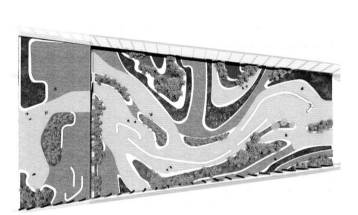

21

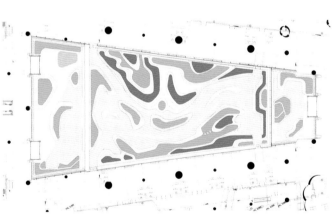

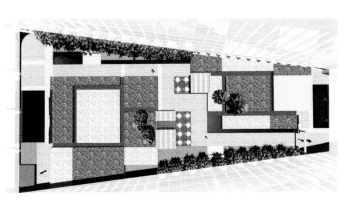

22

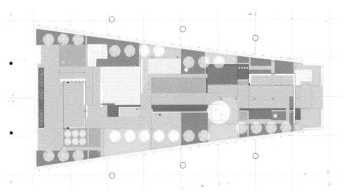

北京大兴国际机场停车楼及制冷站

二等奖 • 城市交通建筑

建设地点 • 北京市大兴区　　建筑高度 • 12.35m
用地面积 • 10.75 hm²　　　设计时间 • 2015.01
建筑面积 • 27.2万 m²　　　建成时间 • 2019.06

项目为航站楼配套停车空间，是北京新机场工程的一个重要组成部分，设停车、值机和便民服务等使用功能。地下一层结合制冷站、综合楼、轨道交通等功能连通为一个整体。中部为轨道交通北站厅，可实现无缝换乘。地上为层层退台的开敞式停车楼。停车楼东西长260米，南北长170米，分为东西独立对称的两栋。嵌入航站楼和第六指廊（综合服务楼）之间，形成整体消隐的形态。结合排烟天井提高了建筑的通透性。北侧退台景观与屋面景观相连，丰富了第五立面。局部立面采用穿孔铝板格栅，满足排烟要求，并遮挡功能用房。项目采用自动泊车、智能照明、光伏发电等绿色节能技术，获绿色建筑设计三星级标识认证。

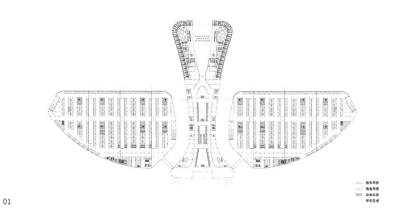

01

设计总负责人 • 王晓群
项目经理 • 崔屹岩
建筑 • 陈昱夫　张葛
结构 • 周思红　张世忠　池鑫　王伟　孙宏伟
景观 • 刘沛
设备 • 林伟　刘强　刘沛
电气 • 晏庆模　宋立立
经济 • 李菁　李欣远

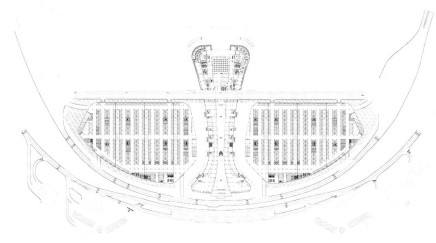

02

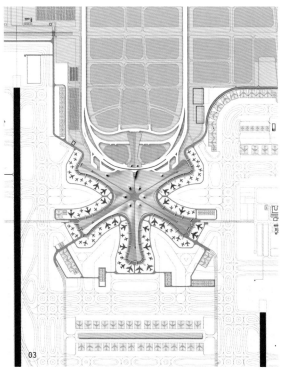

03

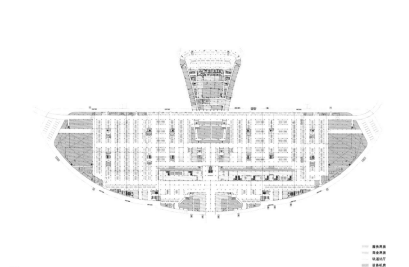

04

对页 01 二层平面图　　本页 05 汽车坡道
　　 02 首层平面图　　　　 06 西北侧鸟瞰
　　 03 总平面图　　　　　 07 南侧道路
　　 04 地下一层平面图

本页 08 服务中心问询台
    09 车道口
    10 港湾车道
    11 标识墙面
    12 充电车位

对页 13 首层天井
    14 西侧收费岛

13

14

中信大厦

一等奖 • 办公建筑

专项奖 • 结构　　给水排水
　　　　暖通空调　电气
　　　　抗震　　　智能化
　　　　绿色建筑　防火

建设地点 • 北京市朝阳区
用地面积 • 1.15 hm²
建筑面积 • 43.70 万 m²
建筑高度 • 528 m

设计时间 • 2013.04
建成时间 • 2019.11
合作设计 • TFP Farrells 建筑设计事务所
　　　　　Kohn Pedersen Fox-
　　　　　Associates 建筑设计事务所

设计从中国传统礼器"尊"的形体特征中汲取造型灵感，将其经过抽象处理和比例优化，形成"中国尊"的独特造型。建筑功能包括办公、会议、商业、多功能中心，采用模块化设计，共分为 5 个模块及 10 个功能单元。"模块一"位于塔楼底部，对大厦的运行提供支持；"模块二"至"模块四"为商务办公空间，设高、中、低 3 个空中大堂，每个办公区均设员工餐厅、会议等辅助功能；"模块五"为集团总部办公及观光和多功能中心。每个模块由两个功能单元组成。模块化设计可减少运输压力，合理布局机电及各功能，减小烟囱效应、降低火灾风险。

建筑幕墙采用双中空单元式体系，通过节点设计将单元板块类型减少。项目全过程 BIM 主导及参与，并开展了控制烟囱效应专项研究，创造了多项世界之最。

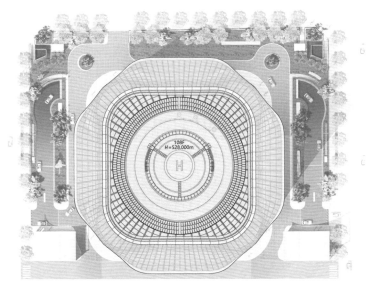

01

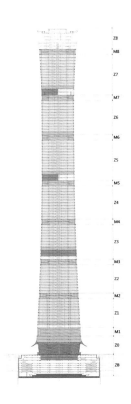

02

03

对页 01 总平面图　　本页 04 南立面全景
02 剖面图　　　　　05 西立面
03 俯视　　　　　　06 幕墙细部

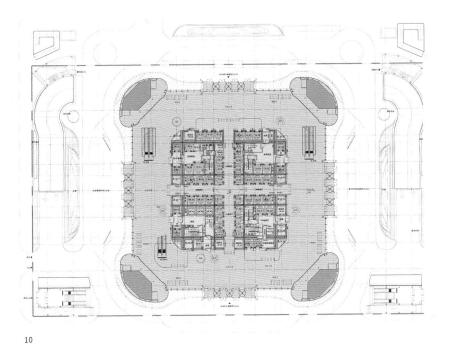

10

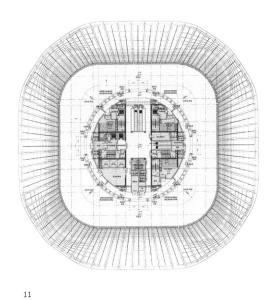

11

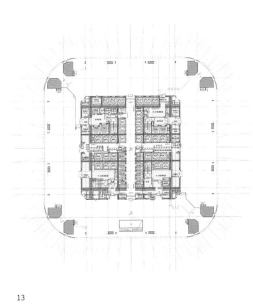

13

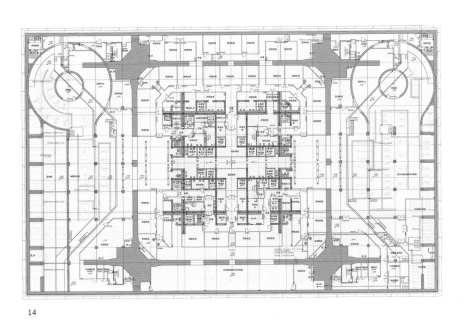

12

14

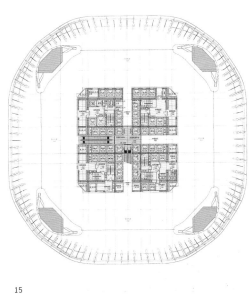

15

上一跨页 07 入口雨棚细部　　12 地下一层平面图
　　　　　08 主入口　　　　　13 十层平面图
　　　　　09 首层大堂　　　　14 地下七层平面图
　　　　　10 一层平面图　　　15 二层平面图
　　　　　11 一百零六层平面图

本页 16 开敞办公区　　对页 21 西立面全景
　　　17 十字区电梯厅
　　　18 地下一层贵宾大堂
　　　19 三层报告厅
　　　20 行政层

丽泽 SOHO

一等奖 • 办公建筑		建设地点 • 北京市丰台区	设计时间 • 2014.02
专项奖 • 结构　　给水排水		用地面积 • 1.44 hm²	建成时间 • 2019.12
暖通空调　电气		建筑面积 • 17.28 万 m²	合作单位 • 扎哈·哈迪德建筑事务所
智能化		建筑高度 • 199.99 m	中国建筑科学研究院有限公司

项目是集商业、办公于一身的大型综合超高层建筑。地块内有贯穿用地的地铁联络线，两个塔楼分立于地铁联络线两侧包覆在一体化的外壳之中。两个塔楼由四道大跨度弧形钢连廊连接成整体。两座塔楼中心对称，各层平面逐层旋转，形成流线型体块，之间产生的空隙贯穿整个建筑高度，形成近 200 米高中庭。首层、二层为大堂等公共空间；三至四十五层为办公层；十三层、二十四层、三十五层设避难层；地下一、二层设商业，从地铁站台可直接进入地下二层商业。

项目外幕墙采用鱼鳞状整体式双重隔热玻璃幕墙；全专业全过程 BIM 三维协同设计；获得 2016 年 "创新杯" BIM 设计大赛科研办公优秀 BIM 应用奖、LEED 金级认证、2020 年 Architizer A+ "专业评审奖""大众评审奖"。

设计总负责人 • 李　淦　蔡　明　马思端
项目经理 • 李　淦
建筑 • 李　淦　蔡　明　马思端　王　钊　吕　娟　郝一涵
结构 • 束伟农　杨　洁　王　旭　岑永义
设备 • 沈逸赘　张　辉　俞振乾
电气 • 孙成群　郭金超

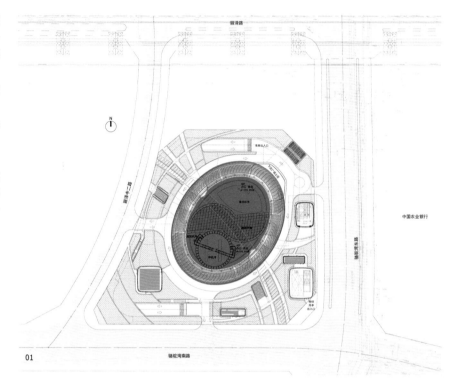

01

02

对页 01 总平面图　　本页 04 夜景
　　02 夜景俯视
　　03 外立面

04

对页 05 夜景

本页 06~07 幕墙局部
08 剖面图
09 大堂内景

下一跨页 10 中庭

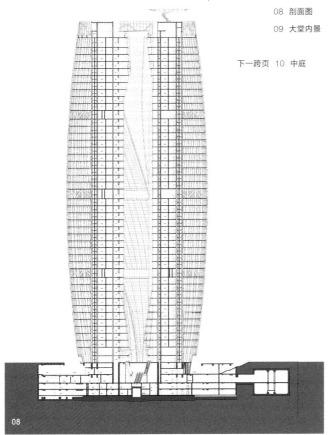

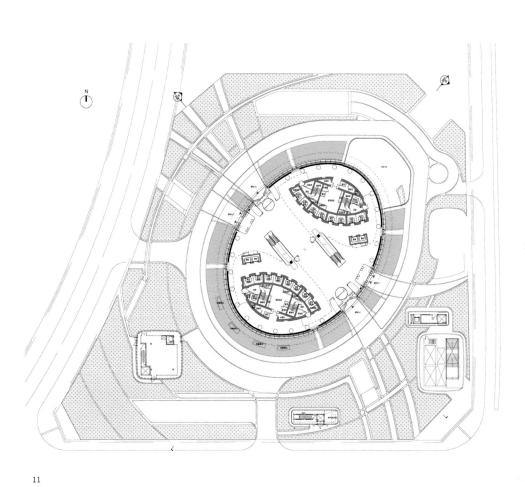

11

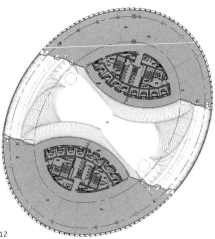

12

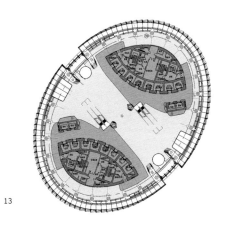

13

14

本页 11 首层平面图

12 二十五层平面图

13 二层平面图

14 地下四层平面图

对页 15 办公空间

16 主入口大堂内景

15

16

CBD 核心区 Z13- 国寿金融中心

一等奖 • 办公建筑
专项奖 • 结构　　给水排水
　　　　暖通空调　电气
　　　　智能化

建设地点 • 北京市朝阳区
用地面积 • 0.78 hm²
建筑面积 • 16.24 万 m²
建筑高度 • 189.45 m

设计时间 • 2013.07
建成时间 • 2019.04
合作单位 • 美国 SOM 建筑事务所

国寿金融中心为中国人寿集团的标志性项目，以两个薄型长方形体量，交错形成超高层板式建筑，是组团内四栋超高层建筑之一。首层设 2 层通高办公大堂及商业，西侧廊架下布置步行广场；二至三十九层为办公层，建筑平面在二层以上局部出挑；十四、二十七层为避难兼设备层。地下二至五层为车库和设备用房，地下一层及夹层为商业、餐饮等，设地铁车站人行出入口。

建筑廊架下设置莲花池，不锈钢建筑吊顶可反射莲花池的倒影；采用双层单元式幕墙，将内循环通风双层玻璃幕墙与保温板实墙和开启扇结合。幕墙腔体避免室外噪声干扰，腔体内设置夜景照明，立面照明设备与建筑构造结合；设电动遮阳百叶。项目获 LEED+WELL 金级认证、2020 年第十五届中国照明学会照明奖一等奖、"十三五"国家重点研发计划绿色建筑及建筑工业化重点专项科技示范工程。

设计总负责人 • 苑 泉　何 获　胡静颖
项目经理 • 张 婷
建筑 • 苑 泉　何 获　胡静颖　胡幅婧　于继成　张 婷
结构 • 徐 斌　韩 玲　孙 磊
设备 • 薛沙舟　林坤平　张春苹
电气 • 申 伟　吴 威　韩 冬

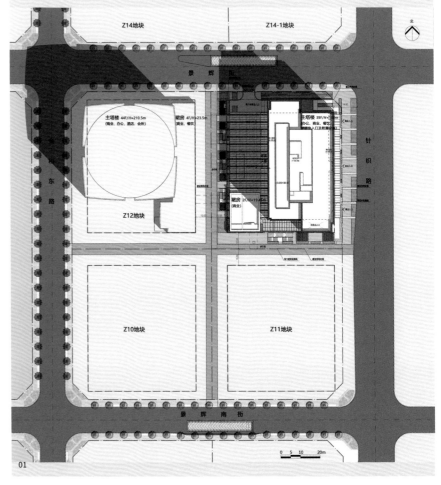

对页 01 总平面图　　　　本页 05 东南方向全景
　　 02 东立面全景
　　 03 南向日景
　　 04 南向夜景

05

本页 06 北侧主入口夜景

08 地铁出入口局部

08 地下五层平面

09 地下一层平面图

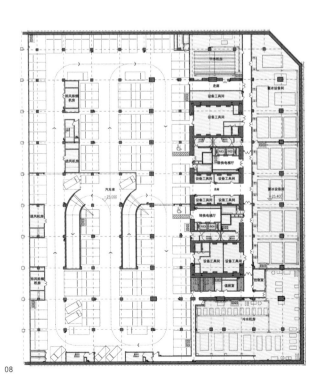

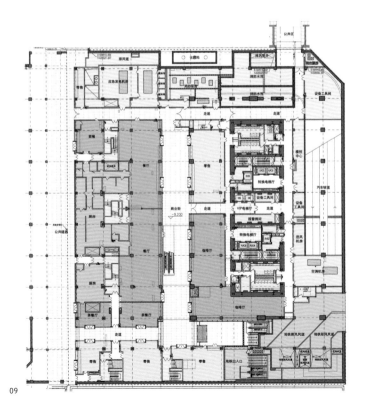

本页 10 西侧风雨廊架内景

　　 11 首层平面图

　　 12 西侧办公大堂主入口

　　 13 西大堂内景（主入口一侧）

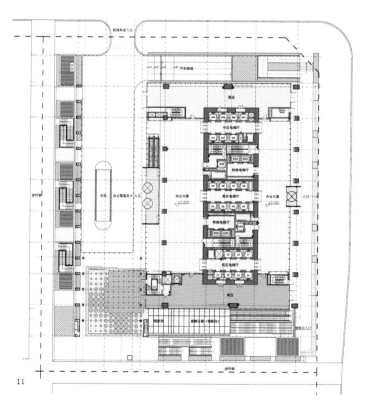

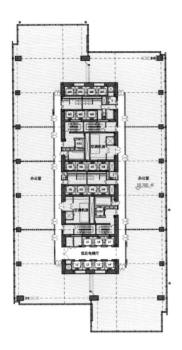
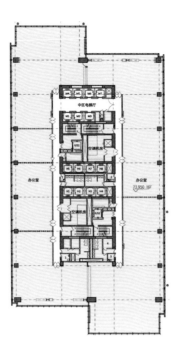
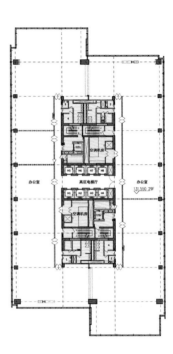

14

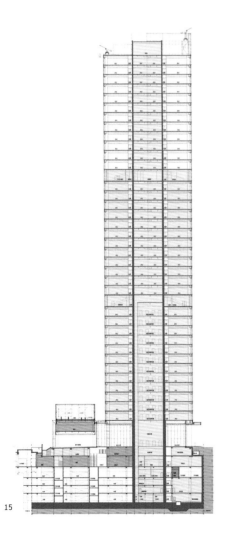

15

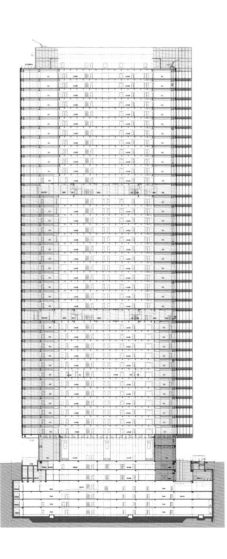

本页 14 标准层平面图

15 剖面图

对页 16 东大堂内景层

小米移动互联网产业园

二等奖 ● 办公建筑	建设地点 ● 北京市海淀区	建筑高度 ● 60.00 m
专项奖 ● 结构	用地面积 ● 4.39 hm²	设计时间 ● 2014.09
电气	建筑面积 ● 34.83 万 m²	建成时间 ● 2019.05
景观		

项目为小米科技有限公司第一个大型总部办公园区建筑群,采用南北向正交网格控制用地,8个标准办公单元坐落在网格上。办公单元平面采用模数标准化布置,核心筒设在平面一侧,控制每个办公单元的进深和面宽。办公单元之间设公共区域。地下一层围绕下沉景观设置各类员工餐厅、健身场所。

建筑外表皮由单元式幕墙构成,每个幕墙单元跨越两层层高。幕墙设布纹不锈钢遮阳框,形成柔和的漫反射。单元间设有通风器。室外设铺装、绿植、草地、水池、艺术品陈设,以及带企业LOGO的拍照地。室内设计融合各类会议和交流空间,体现互联网企业的特色与朝气。

设计总负责人 ● 马 泷　陈文青　王 伟
项 目 经 理 ● 张 浩　谭 雪
建筑 ● 马 泷　张 浩　陈文青　王 伟
　　　　赵雯雯　吴 迪　王 丽
结构 ● 祁 跃　郭晨喜　陈 冬
设备 ● 张铁辉　牛满坡　张亦凝
电气 ● 晏庆模　刘双霞

01

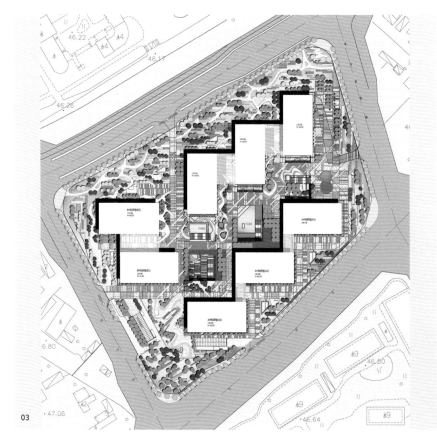

02

03

对页 01 总平面图　　本页 04 西北侧街景
　　 02 西北侧街景　　　　05 西北侧街景局部
　　 03 景观平面图

建筑设计　　　　景观设计

04

05

本页 06 北侧出入口　　　　对页 10 彩色铺装

　　07 时间胶囊水景

　　08 园区内西北望向东南

　　09 园区内景局部

13

对页 11 庭院局部鸟瞰   本页 13 地下一层庭院灰空间
     12 米兔森林   14 地下四层平面图
                           15 地下一层平面图

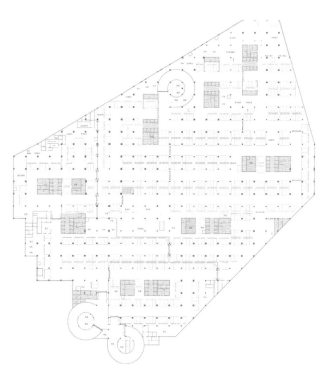

14   15

本页 16 园区内部夜景

本页　17　A栋大堂　　　　　20　集中会议区休息室

　　　　18　员工办公区局部　　　21　首层平面图

　　　　19　员工交流讨论区局部　22　五层平面图

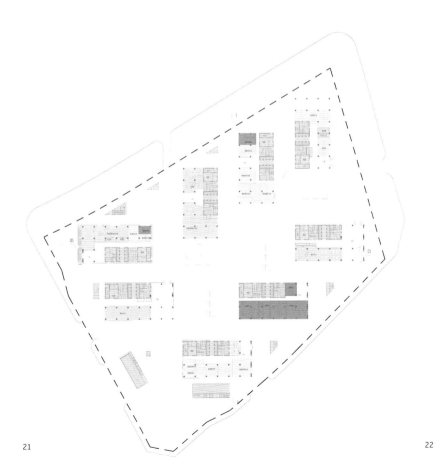

21

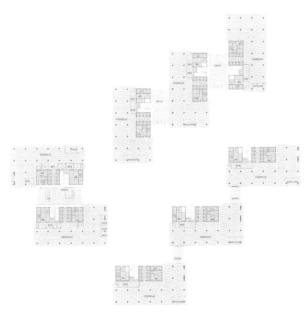

22

北京大兴国际机场东航基地项目核心工作区一期

二等奖 • 办公建筑

建设地点 • 北京市大兴区
用地面积 • 3.68 hm²
建筑面积 • 1.60 万 m²

建筑高度 • 40.00 m
设计时间 • 2017.03
建成时间 • 2019.06

项目为东航实现北京、上海"双枢纽"运营模式的核心枢纽保障用房,整体采用内外有别的设计手法,沿街立面整齐,内院采用街区尺度和体量变化。整体分为两个地块,北侧用地内有 3 栋出勤楼和后勤楼;南侧用地内有运行楼、培训会议楼、2 栋综合业务楼。出勤楼为机组人员出勤休息住宿用房,后勤楼为餐厅、健身房;运行楼为运行指挥中枢,培训会议楼为员工培训室、大型会议室等,综合业务楼主要为办公用房。各单体建筑通过连廊适度连通。

幕墙设计通风器、穿孔金属板,满足通风和遮阳等需求。针对不同需求进行专项声学设计,解决噪声干扰问题,满足有休憩功能房间的隔声要求。项目获 RICS Awards China 2018 全国大赛"年度 BIM 最佳应用"一等奖,绿色建筑三星级认证。

设计总负责人 • 吴 晨 段昌莉

项目经理 • 吴 晨

建筑 • 吴 晨 段昌莉 李 晖 李 鑫 王 斌 曾 铎
　　　丁 霓 王弘轩 李 文 王晓颖 邱红平 顾树翔

结构 • 常为华 吴 炅

给水排水 • 杨国滨 蔡 丽

暖通空调 • 张 健

电气 • 张建功

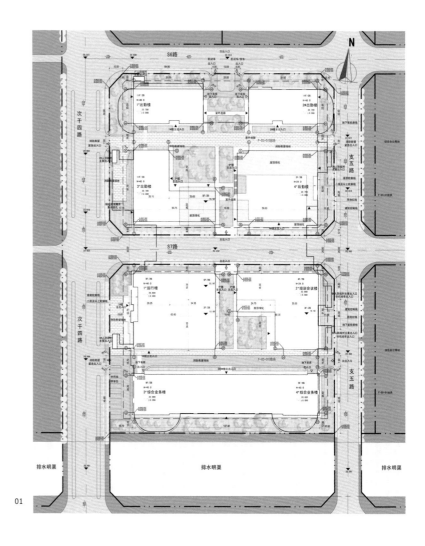

01

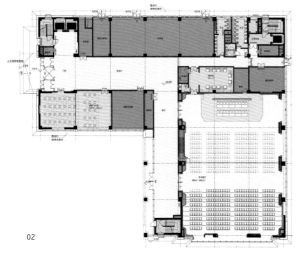

02

03

对页 01 总平面图 　　　　　本页 04 西北角人视
　　 02 2#培训会议楼首层平面图 　　 05 3#出勤楼首层平面图
　　 03 2#出勤楼北立面 　　　　　　 06 3#出勤楼三层平面图

04

05

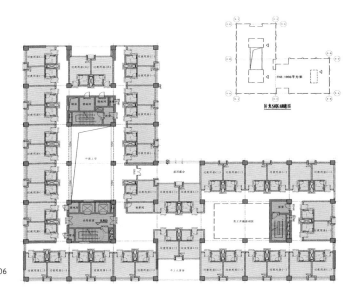

06

本页 07 F-03-01 地块内庭院人视
08 F-03-01 地块内庭院人视夜景
09 地下二层平面图

对页 10 运行楼西北角人视
11 地下一层平面图
12 运行楼会议室
13 办公室

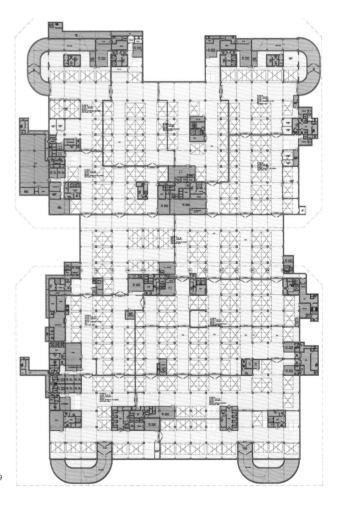

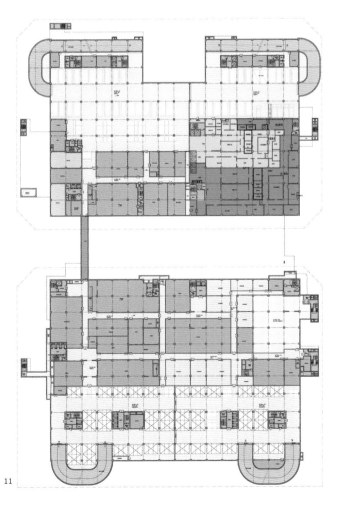

铁科院办公区科研业务用房 1-3 号楼

二等奖 · 办公建筑

建设地点 · 北京市海淀区
用地面积 · 12.93 hm²
建筑面积 · 7.84 万 m²

建筑高度 · 30.00 m
设计时间 · 2015.09
建成时间 · 2019.06

项目为铁道科学研究院有限公司产品认证检测试验、科研试验、机电一体化产品研发测试的科研用房。设计尊重原院区规划格局，保留标志性建筑和景观。立面以两层为单元，强调完整的玻璃视觉效果。开启扇后退，减少窗扇对立面的影响，保证了建筑外观的规整性。

1号、2号楼地上各层为检验试验室及科研试验用房等主要功能用房，地下一层布置配套服务功能，汽车库及机电用房设置于地下。主要检测试验房间分为南北两部分，中间设观光电梯、通高采光中庭、休息区等公共交流和交通空间。1号、2号楼朝向中庭的办公室隔墙采用全玻璃幕墙系统，两栋建筑在地下二、三层连通。3号楼地上各层为检测试验用房，地下一、二层为库房及设备用房。

设计总负责人 · 叶依谦　薛　军
项目经理 · 叶依谦
建筑 · 叶依谦　薛　军　高　冉　龚明杰
　　　　刘　智　贾文夫　岳一鸣
结构 · 卢清刚　刘永豪
设备 · 张　成　鲁冬阳　刘芮辰
电气 · 裴　雷　韩京京
经济 · 王　帆

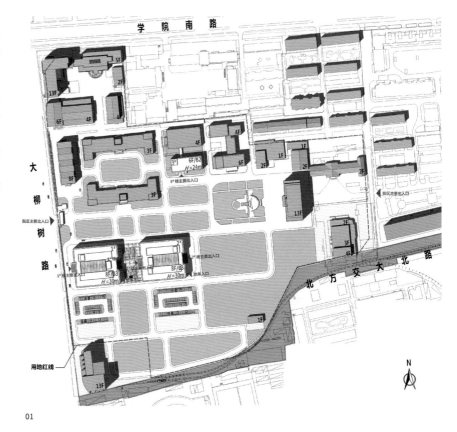

01

02

对页 01 总平面图 　　　　　　本页 03 2号楼西北方向透视图
　　　 02 1号楼东北方向透视图 　　　　 04 3号楼西南方向透视图

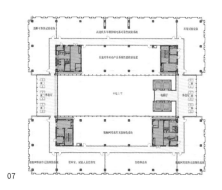

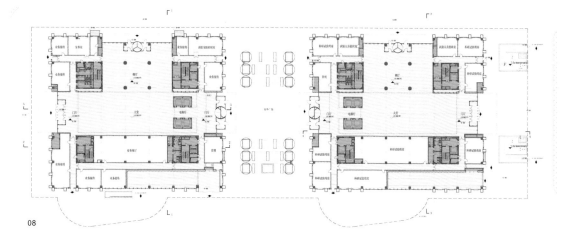

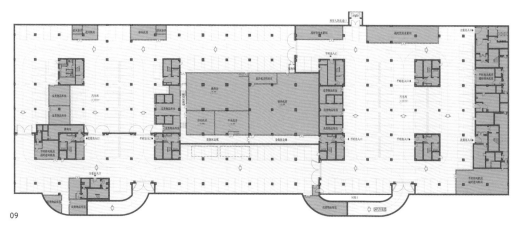

本页 05 1号、2号楼之间室外场地透视图

06 1号楼北侧主入口透视图

07 1号、2号楼三层平面图

08 1号、2号楼首层平面图

09 1号、2号楼地下三层平面图

对页 10 2号楼东立面入口透视图

11 大堂透视图

12 1号楼侧厅透视图

13 科研用房室内透视图

西城区大吉片金融办公区
C 座、D 座

二等奖 • 办公建筑
专项奖 • 智能化

建设地点 • 北京市西城区　　设计时间 • 2012.02
用地面积 • 1.84 hm²　　　　建成时间 • 2015.12
建筑面积 • 9.78 万 m² 8.55 万 m²　　合作单位 • 美国 SOM 建筑事务所
建筑高度 • 49.95 m　38.25 m

项目为甲级商务办公楼，也是北京第一个实施市区内平衡高密度功能与塔楼体量策略的项目。项目场地为两个独立地块，西侧地块内有保留的单层历史建筑。两栋建筑采用相同的立面划分尺度，形成一致、统一的沿街形象。立面材质的虚实对比形成门户造型。

C 座按三个独立租户使用设计。首层、二层设共用的大堂，每个租户均有独立电梯厅；四层、六层分别设两层通高的多功能厅；八层以上中部为共享大厅；九至十二层每层分为三个独立区域。D 座按两个独立租户使用设计。地下一层为职工餐厅和自行车库，地下二至五层为车库。

设计总负责人 • 王亦知　王明霞
项目经理 • 马泷
建筑 • 王亦知　刘芳　王明霞　石宇立　王鑫宇
结构 • 吴中群　刘莅川　张翀　王奎
设备 • 牛满坡　林伟　张铁辉
电气 • 陈钟毓　刘侃
经济 • 陈亮

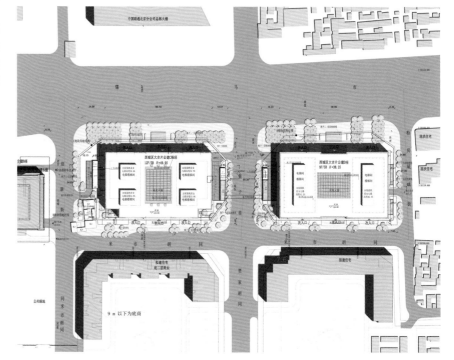

01

02

03

对页 01 总平面图　　　本页 04 C座北侧临骡马市大街实景

　　 02 D座主入口　　　　　 05 D座北立面实景

　　 03 D座东北角实景　　　 06 C座西立面实景

对页 07　C 栋八层中庭实景

　　08　C 栋首层平面图

　　09　C 栋九层平面图

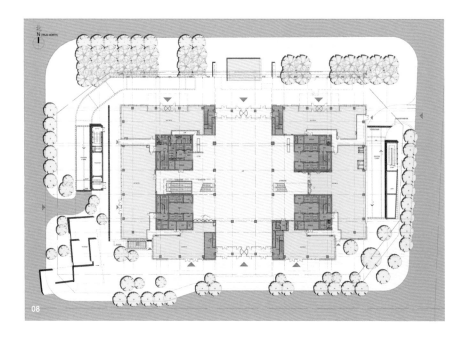

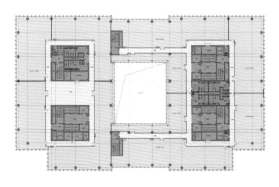

本页 10 大堂实景
11 D座首层平面图
12 D座四层、六层平面图

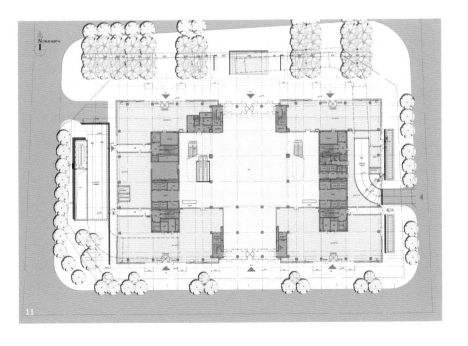

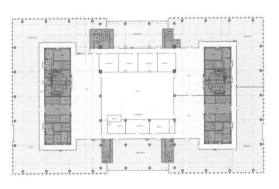

黄陵县新区幼儿园

一等奖 • 教育建筑

建设地点 • 陕西省延安市
用地面积 • 0.96 hm²
建筑面积 • 0.75 万 m²

建筑高度 • 14 m
设计时间 • 2017.02
建成时间 • 2019.07

项目为 15 班公立幼儿园，位于两山之间一片狭长的场地，场地内保留有较大的树木。建筑沿场地依次展开，活动和起居单元集中安排在场地西侧，与教师办公、后勤区域整合在一起，开放中庭作为这部分的空间重心串联了所有的活动单元，活动单元向中庭开放。公共性的学习空间安排在场地东侧，成为幼儿园里空间密度较低的区域，与场地原有的环境、树木等内容融合。

配合陕北充足的日照和建筑形式，建筑外立面采用了白色涂料，局部混凝土。景观设计考虑场地内自然风景以及保留的树木等因素。室内设计地面采用柔软的 PVC 地材，墙面主要为木质墙面。

设计总负责人 • 石　华
项 目 经 理 • 张广群
建筑 • 石　华　杨　帆　张广群　褚奕爽
　　　　张琳梓　王　璐　梁　辰　张　祺
结构 • 于　猛　房梦茜
设备 • 刘立芳　邓奕雯　刘　双
电气 • 肖旖旎
经济 • 李欣远

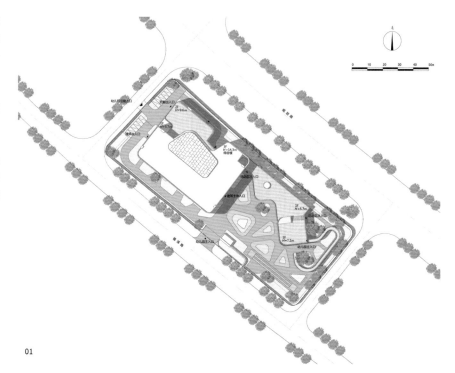

01

02

03

对页 01 总平面图　　　　本页 04 东北侧航拍

　　 02 西南侧街景　　　　　 05 儿童畅游坡道全景

　　 03 南侧外观局部　　　　 06 儿童畅游坡道俯瞰

　　　　　　　　　　　　　　 07 儿童畅游坡道底部

本页 08 三层平面图
09 二层平面图
10 首层平面图

对页 11 采光中庭
12 采光中庭局部
13 走廊活动空间
14 公共读书角
15 活动室内景

08

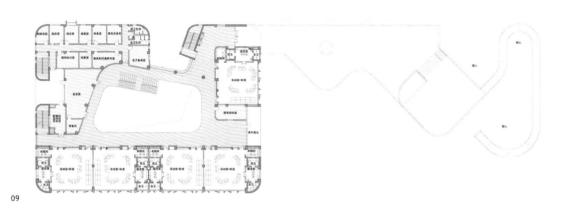

09

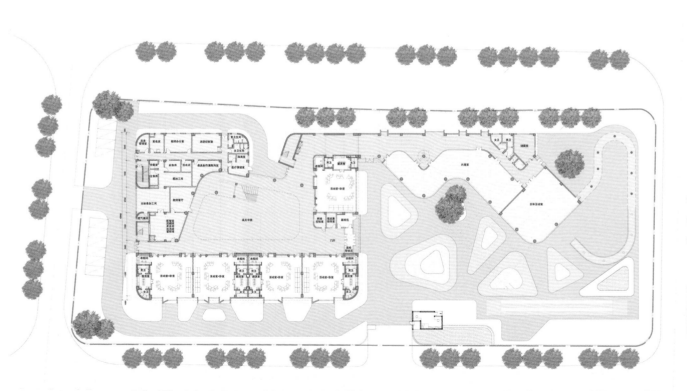

10

11

12

13

14

15

中国石油大学（华东）图书馆（二期）

二等奖 • 教育建筑

建设地点 • 山东省青岛市
用地面积 • 5.33 hm²
建筑面积 • 3.39万 m²

建筑高度 • 22.43 m
设计时间 • 2015.01
建成时间 • 2019.06

项目为山地建筑，建筑功能包括学习空间、科教中心、校史展厅、学术报告会议用房、网络数据中心、车库等。建筑体量与山体结合，采用退台式布局，各层随山势由南向北逐层退台。利用拱形结构强调建筑主入口。屋面层可上人，屋面绿化与山体绿化相连通，屋顶绿化、建筑空间和山体结合，形成第五立面。

用地南侧为研究生公寓和学生餐厅及教学楼用地，西接校园广场。图书馆主要出入口沿形体曲线向校园道路、广场及三角地展开。地下一层为车库，首层设图书馆阅览空间、创意空间、机房区、报告厅等，二层为研读学习空间、校史展厅、报告厅及会议室，三层为展厅及影视会议室，屋顶设有休闲平台及设备机房。

设计总负责人 • 查世旭 田 浩 欧阳露
项 目 经 理 • 查世旭
建筑 • 查世旭 田 浩 欧阳露 吴莹 梁 辰
结构 • 李 培 周笋 王雪生
设备 • 陈盛 戴婵 张颖
电气 • 吴威 赵洁
室内 • 张晋
景观 • 陈曦

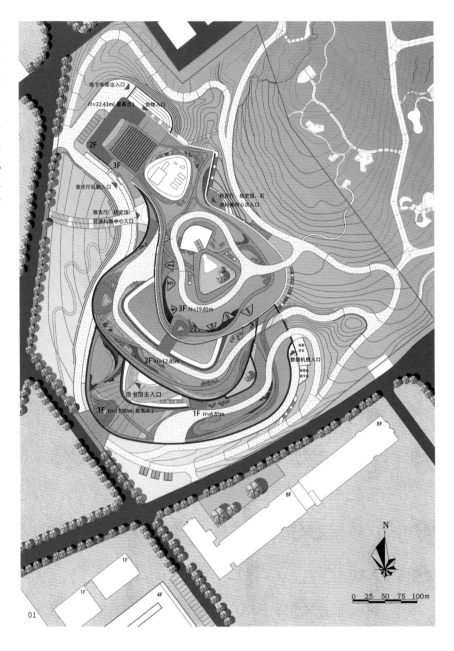

01

02

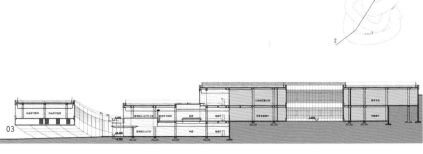

03

对页 01 总平面图　　本页 04 东北侧鸟瞰
　　 02 鸟瞰　　　　　　 05 西侧鸟瞰夜景
　　 03 剖面图

06

07

08

对页 06 西北侧鸟瞰

07 中庭

08 通往自习区的木制台阶

本页 09 三层平面图

10 首层及地下一层平面图

11 二层平面图

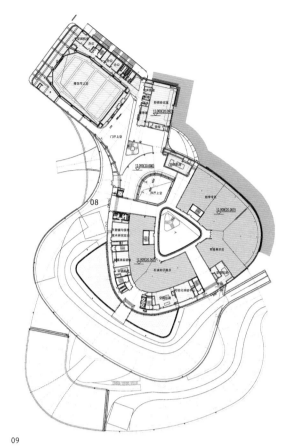

09

10

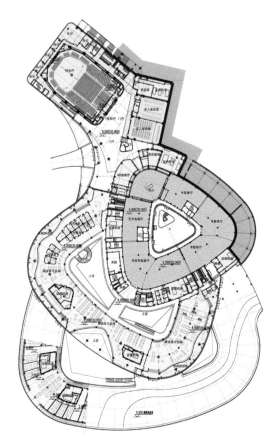

11

北京经济管理职业学院教学综合楼

二等奖 • 教育建筑

建设地点 • 北京市朝阳区
用地面积 • 3.64 hm²
建筑面积 • 3.06 万 m²

建筑高度 • 44.95 m
设计时间 • 2013.03
建成时间 • 2018.09

项目建筑功能包括教室、宿舍、风雨操场、会堂等。用地南侧为校园主入口，北侧为学院图书馆，东侧为校园中心绿地及运动场地。总平面充分考虑同校园环境及周边环境的协调融合。教学楼、宿舍楼、风雨操场围合成"凹"字形，内庭院设景观楼梯、下沉广场。教学楼、宿舍楼、风雨操场分别设出入口。整体布局采用半开放式，将建筑融入原有学校规划肌理之中，建筑体量由西向东逐步递减，朝向城市封闭，向学院内开放；建筑造型和色彩呼应周围建筑。

地下部分联通为整体，地下一层为会堂、活动室、机房，地下二层为机房和车库。地上分为教学楼、宿舍楼、风雨操场三个独立单体。教学楼设教室、实验实训室、系行政办公室等，宿舍楼为学生集体宿舍，风雨操场为单层建筑。

设计总负责人 • 高 博
项目经理 • 陈 华
建筑 • 高 博 刘 雍 赵海龙 陈 华
结构 • 吕 广 贺旻斐 于东晖 王耀榕
设备 • 李树强 陈 蕾 刘婉平
电气 • 徐 昕 任 重
经济 • 袁雯雯

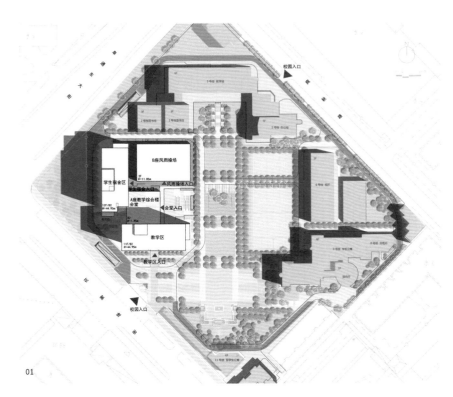

01

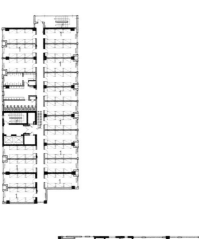

1 宿舍
2 机房
3 系行政用房
4 教室

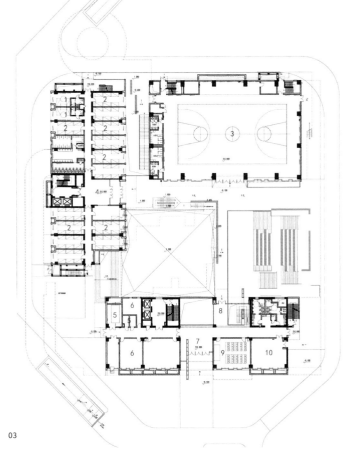

1 无障碍宿舍
2 宿舍
3 室内篮球场
4 宿舍门厅
5 机房
6 系行政用房
7 教学区门厅
8 连桥
9 教室
10 消防控制室

02   03

对页 01 总平面图
　　02 标准层平面图
　　03 首层平面图

本页 04 日景鸟瞰
　　05 屋顶平台及下沉庭院
　　06 下沉广场连接中心绿地
　　07 下沉广场看台

对页 08 东立面夜景

　　 09 教学楼夜景

　　 10 教学楼主入口

本页 11~12 宿舍

　　 13 报告厅

中共北京市委党校综合教学楼

二等奖 ● 教育建筑

建设地点 ● 北京市西城区　　　　建筑高度 ● 18m
用地面积 ● 0.54 hm²　　　　　　设计时间 ● 2010.08
建筑面积 ● 1.92 万 m²　　　　　建成时间 ● 2015.03

项目是集培训、教学、研讨、体育锻炼于一体的综合性多功能建筑，原址为拆除的小学教学楼和办公楼。建筑立面风格和色彩与周围既有建筑协调，并与校园整体建筑风格协调统一。南北两部分形成体量相对独立的两个体块。北侧高度受住宅日照要求限制，报告厅屋顶做钢结构及玻璃天窗。南侧有住宅视距限制，首层采用实墙进行遮挡，二层以上设少量小凹窗。

平面南北两部分相对独立，各自通过独立门厅和竖向楼电梯组织交通流线。地下三层为游泳馆；地下二层为车库、综合馆；地下一层为车库、机房；首层为大报告厅、综合馆上空；二层设教室、研讨室、网球馆；三层设教室及小报告厅、会议室；四、五层为活动用房、研讨室、新闻发布会场等。

设计总负责人 ● 王晓虹　闫　凯
项目经理 ● 潘子凌
建筑 ● 王晓虹　闫　凯
结构 ● 卫　东
设备 ● 胡育红　张　诚
电气 ● 张曙光

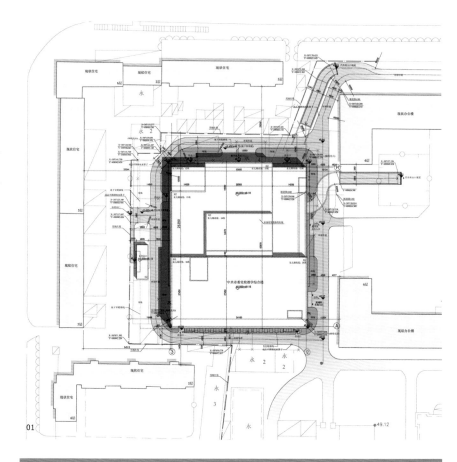

01

03

对页 01 总平面图　　　本页 04 东北角度透视
　　 02 整体环境　　　　　 05 西南角度透视
　　 03 俯视　　　　　　　 06 门廊

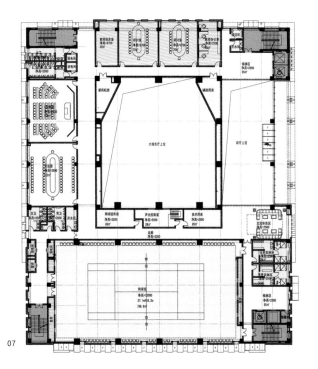

07

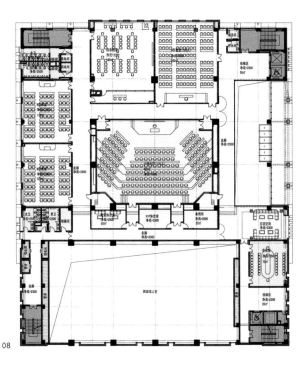

08

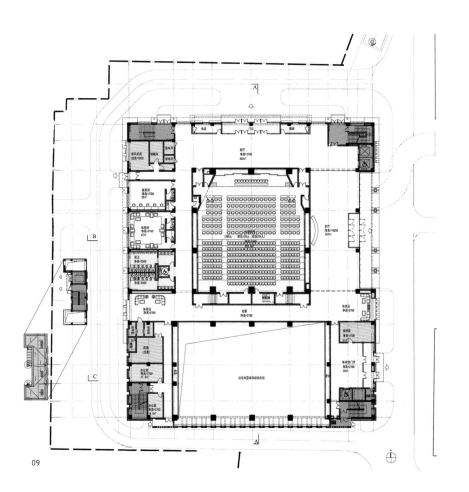

09

本页 07 二层平面图

08 三层平面图

09 首层平面图

对页 10 主入口大厅

11 大报告厅

2019 中国北京世界园艺博览会国际馆

一等奖 • 博览建筑
专项奖 • 结构
　　　给水排水
　　　暖通空调

建设地点 • 北京市延庆区
用地面积 • 3.60 hm²
建筑面积 • 2.20万 m²

建筑高度 • 23.65 m
设计时间 • 2017.01
建成时间 • 2019.04

项目为中型展览建筑，展厅等级为乙等，在2019中国北京世界园艺博览会期间承担国际展览。建筑造型以"花伞"为单元构件组成平缓、不夸张的"花海"，立面四个方向匀质；室外公共空间"弱"设计，花伞状顶棚像巨大的城市遮阳伞，提供了舒适的驻足停留、休憩的人性化空间。外墙材料采用铝合金幕墙、夹板超白玻璃幕墙及穿孔铝板。

场地位于世界园艺轴中部，与临近的中国馆和剧场环湖而立，共同组成园区的核心建筑群。南侧为单层矩形通高展厅，北侧为方型体量错动的双层展厅。南、北侧机动车出入口除满足南、北侧展厅的首层货物运输及进入地下卸货区的需求外，兼顾VIP车流需求。场地分设4个下沉庭院。公众从东侧通过下沉广场进入地下一层登录厅、多功能厅、餐厅等公共空间；北区设有卸货场、库房及设备机房等功能。登录厅南、北侧的自动扶梯为到达首层、二层南、北侧展厅的交通空间，二层设连廊把两侧展厅连通。展厅为16.8米大柱跨。项目获绿色建筑三星级认证。

设计总负责人 • 胡　越
项 目 经 理 • 游亚鹏
建筑 • 胡　越　游亚鹏　马立俊　耿　多　杨剑雷
结构 • 江　洋　陈彬磊　常莹莹　黄中杰
设备 • 徐宏庆　鲁冬阳　王熠宁　李　曼
电气 • 裴　雷　韩京京

01

02

03

04

对页 01 总平面图 　　　本页 05 国际馆夜景鸟瞰

　　 02 国际馆东侧日景 　　　　 06 国际馆东侧夜景

　　 03 国际馆西北侧日景

　　 04 国际馆东南侧近景

08

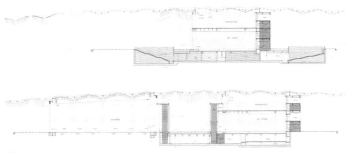

09

对页 07 室外广场西北日景

本页 08 主入口广场
     09 剖面图
     10 南北展厅间连桥
     11 二层连桥室内

10

11

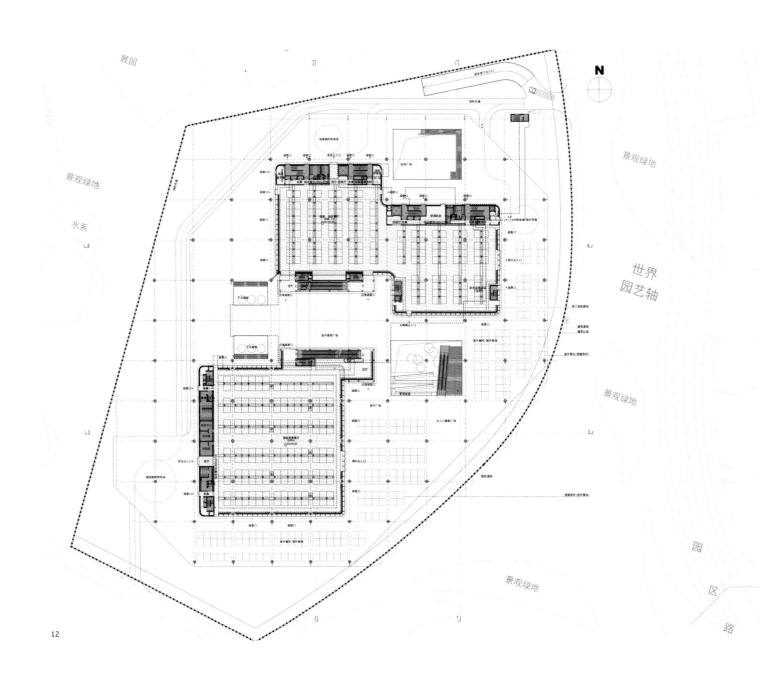

12

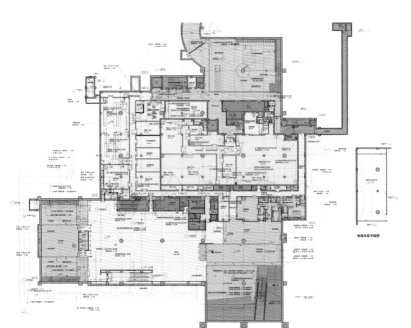

13

本页 12 首层平面图

13 地下一层平面图

对页 14 北展厅二层

15 南展厅室内

2019 中国北京世界园艺博览会植物馆

一等奖 • 博览建筑

建设地点 • 北京市延庆区
用地面积 • 3.9 hm²
建筑面积 • 0.97 万 m²
建筑高度 • 23.4 m

设计时间 • 2017.01
建成时间 • 2019.04
合作单位 • 都市实践建筑设计咨询有限公司（北京）

项目为 2019 中国北京世界园艺博览会展览建筑，集温室、小型展厅于一体。建筑位于场地中心坡顶，三面临世园会百果园，景观视野良好，并成为局部园区视觉焦点。建筑采用象征性形象，立意为升起的地坪，其表面肌理象征根系。立面采用锈钢板和灰色挤出成型水泥压力板，辅以钢管、铝管模拟植物根须。

游客经序厅入展厅，再进入通高热带植物生长温室观赏，经盘旋步道至三层展廊，由盘旋楼梯到达四层咖啡厅，屋顶饱览世园会全景后，可沿东侧大楼梯下至首层，途经并体验根须灰空间。多功能厅的主要人流通过北侧室外楼梯出入。

项目造型复杂，弧形异形构造多，根须长度、材质、颜色、连接方式各不相同，高空作业、施工及安全管理难度大，穹顶异形ETFE膜尺寸各异。项目通过模型参数化设计，进行施工定位、管线综合，达到预期效果。

设计总负责人 • 孙 勃　张明涛
项 目 经 理 • 徐聪艺
建筑 • 孙 勃　张明涛　王蓓菲　王 霞
　　　　邓旭光　王 辉　郝 刚　王宇瞳
结构 • 邢珏蕙　秦 凯　周忠发　段世昌
设备 • 祁 峰　王松华　郭 文
电气 • 赵亦宁　李林杰
经济 • 刘 国

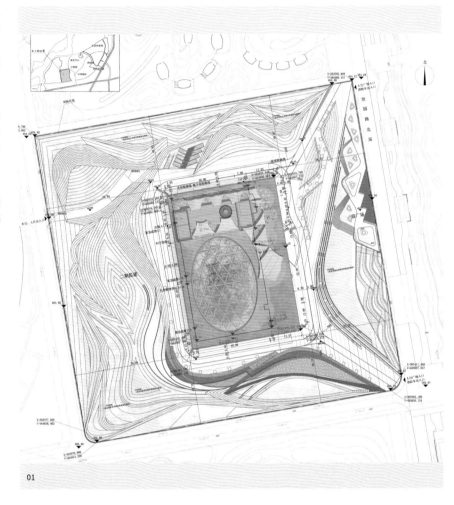

01

02

03

对页 01 总平面图　　　本页 04 人视图
　　 02 西立面夜景　　　　　 05 西立面
　　 03 俯视图

04

05

06

本页 06 VIP 入口

07 夜景

08 灰空间分析图

07

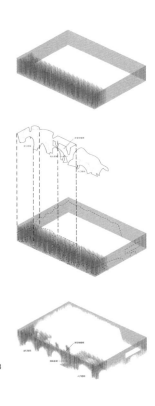

08

本页　　09　灰空间大楼梯
　　　　10~11　灰空间

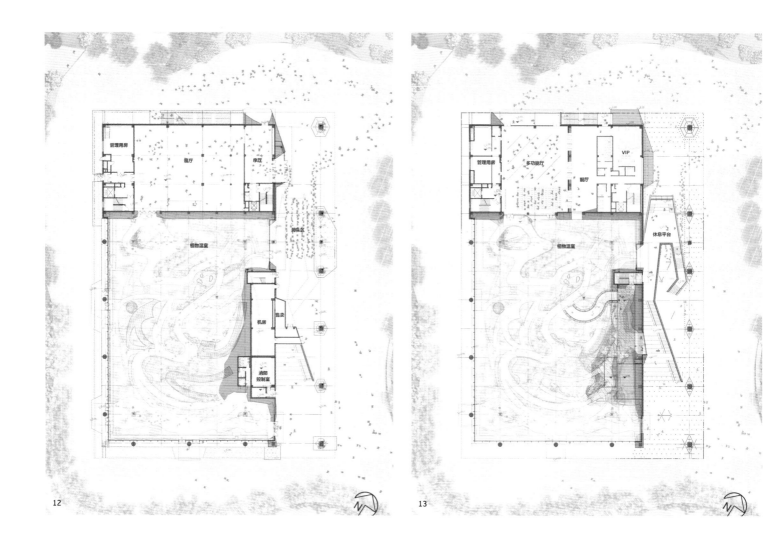

12

13

本页 12 首层平面图　　对页 15 四层书店内景

　　　13 二层平面图　　　　　16 温室盘旋步道

　　　14 剖面图

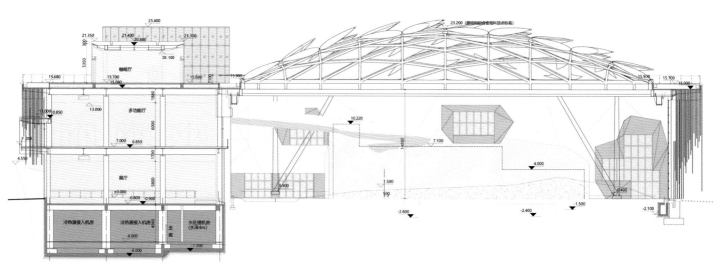

14

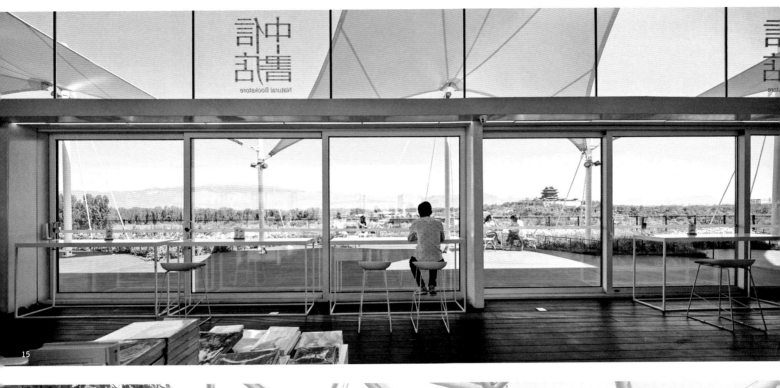

15

16

又见敦煌剧场

一等奖 • 观演建筑

建设地点 • 甘肃省敦煌市
用地面积 • 6.57 hm²
建筑面积 • 1.99 万 m²

建筑高度 • 23.9 m
设计时间 • 2014.10
建成时间 • 2016.08

项目位于敦煌市东郊，与莫高窟数字展示中心相邻，是专属剧目定制的演艺剧场。剧场为丙等剧场，设计容纳观众人数 500 人，为文化旅游商业园区整体规划的一期。建筑以大地艺术的方式，不拘泥于具体建筑造型，通过倾斜的屋面、蓝色的渐变玻璃马赛克、釉面马赛克和玻璃构成一个抽象、神秘、简洁有力的形象，似半掩于沙漠之中的宝石，象征敦煌文化的不朽与璀璨以及如"沙漠中的一滴水"般珍贵。建筑主色调突破了当地多采用土黄色的处理方式。建筑景观在配合建筑主体的意向下，选择最粗糙、原始的手段，营造类似于戈壁与城市环境的过渡，使建筑形象与环境自然结合。

设计充分利用地势现状深坑，建筑主体置于下沉空间中。剧场的使用方式、观演空间数量及观演方式均按照剧目需求设计。观众由北广场以下沉坡道方式进入建筑，依次经过 4 个观演厅，最后从建筑南侧散场厅离场，进入后续的下沉商业空间。剧场东、西两侧设置有台阶及车行坡道，供人流、车流直接抵达南侧下沉空间。

设计总负责人 • 朱小地
项 目 经 理 • 赵 楠
建筑 • 朱小地 回炜炜 贾 琦 黄古开 房宇巍
结构 • 于东晖 王鑫鑫 张 亮
设备 • 于永明 陈 蕾 孙成雷 刘婉平
电气 • 段宏博 李 正 孙 妍 王潇潇

01

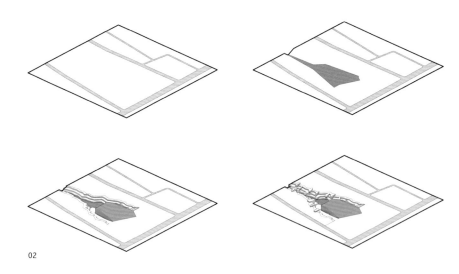

02

03

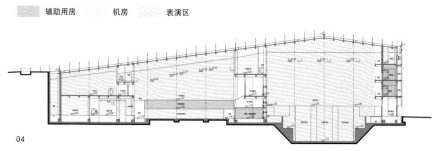

辅助用房   机房   表演区

04

对页 01 总平面图　　本页 05 侧俯视图
　　 02 环境分析图　　　　 06 俯视图
　　 03 区域位置图
　　 04 剧院剖面图

05

06

本页 07 西立面全景
　　08 首层平面图
　　09 三层平面图

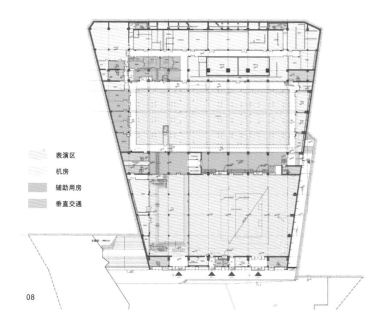

表演区
机房
辅助用房
垂直交通

08

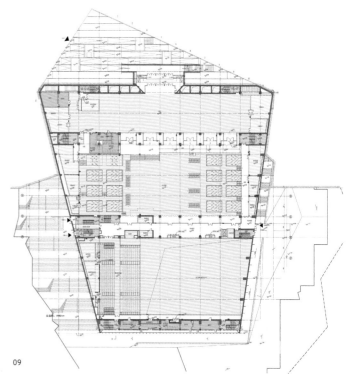

09

本页 10 室外夜景远景

11 剧场入口处夜景近景

12 屋面玻璃夜景近景

只有峨眉山演艺剧场

一等奖 · 观演建筑

建设地点 · 四川省乐山市　　建筑高度 · 22.5m
用地面积 · 7.45hm²　　　　设计时间 · 2017.12
建筑面积 · 1.87万㎡　　　　建成时间 · 2019.07

项目位于峨眉山市峨眉山之西，是专属剧目"峨眉云之上"的定制演艺剧场。剧场设计容纳观众人数1400人，为乙等剧场。主体形象以"瓦"和"屋顶"为母题元素，运用一系列的"屋面"从地表到墙身、从下到上逐渐蔓延覆盖，创造出从人间到天界的意向及视觉过渡。外幕墙以陶土瓦和蓝绿色及透明玻璃瓦为材料，底部黑灰色为主逐渐向上部蓝绿色为主过渡。

规划保留基地内原计划拆除的原有村落；利用地形高差，将用地南侧线性排布的停车场对建筑的视线影响降至最低。4个室内观演空间围绕室外观演庭院形成风车状布局，西北侧设置后勤、演职及VIP等功能用房及出入口。剧场的使用方式、观演空间数量及观演方式均按照剧目需求设计，观众从建筑西侧下沉甬道进入入场厅，分成两组经各观演空间观演，最后从东侧离场。幕墙系统属于全新技术研发，三维曲面幕墙运用了BIM建模。

设计总负责人 · 王　戈　赵锁慧
项目经理 · 王　戈
建筑 · 王　戈　赵锁慧　王东亮　张红宇　王　鹏
　　　　郭晓阳　赵　轩　朱道平　张　睿　苏　鹏
结构 · 朱健博
设备 · 李春荣　赵九旭　吴显坤
电气 · 李奇英

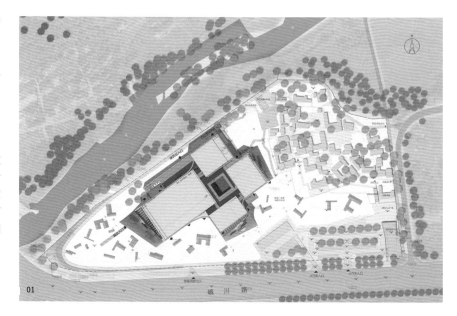

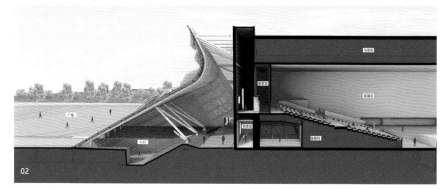

对页 01 总平面图　　本页 04 西立面
　　 02 环境分析图　　　　 05 主入口
　　 03 区域位置图　　　　 06 东南视角

04

05

06

07

08

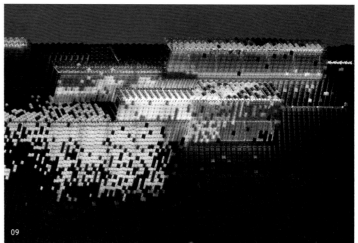

09

10

对页 07 西南立面
08 幕墙局部日景
09 幕墙局部夜景
10 夜景鸟瞰

本页 11 首层平面图
12～13 入场厅
14 中庭
15 观演空间

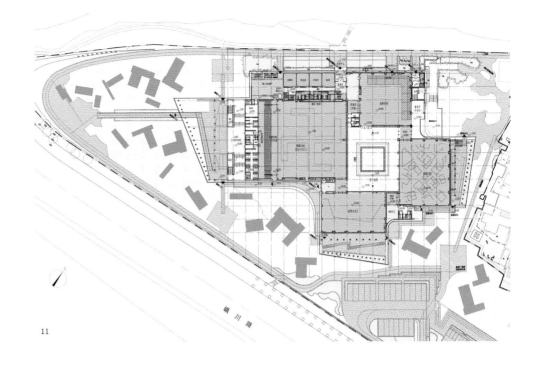

11

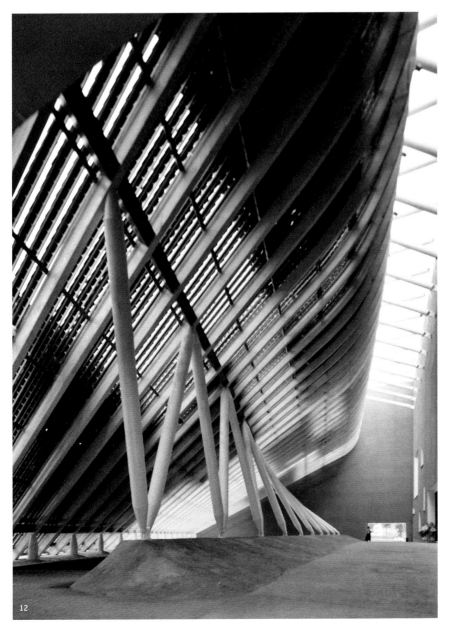

12

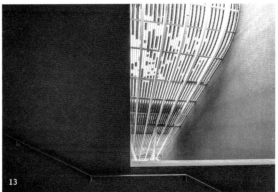

13

14

15

荷兰花海"只有爱"梦幻剧场

二等奖 · 观演建筑

建设地点 · 江苏省盐城市
用地面积 · 5.7 hm²
建筑面积 · 1.83万m²
建筑高度 · 16.5m
设计时间 · 2018.11
建成时间 · 2019.12

项目位于江苏盐城荷兰花海景区内,为专属剧目定制的演艺剧场,每个观演空间可容纳800人,为乙等剧场。场地北临十总河,东侧与荷兰花海一期项目隔斗龙港相望,南侧、西侧为人工湖。建筑沿长向一字展开,使建筑沿河面成为主要展示面。立面利用涟漪幻彩金属板幕墙、彩色玻璃、粗颗粒彩色质感涂料,共同构成多色的空间效果。

剧场的使用方式、观演空间数量及观演方式均按照剧目需求设计,观众通过红色弧桥进入剧场岛,经情景路径,穿心形水池及"如心"景观剧场,到达东侧观众入口,依次进入5个观演空间观演,最后从建筑西侧出口离开。剧场北侧设置后勤、演职及VIP等功能用房及出入口。

设计总负责人 · 王 戈　王东亮　张红宇
项 目 经 理 · 王 戈
建筑 · 王 戈　王东亮　张红宇　杨 威
　　　林 琳　张 睿　李强强　赵甜甜
结构 · 卢清刚　展兴鹏
设备 · 王 慷　王熠宁　周彦卿
电气 · 艾 妍
经济 · 靳丽新

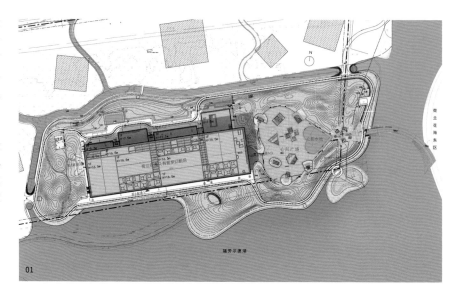

01

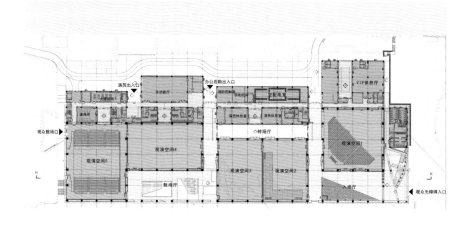

02

03

对页 01 总平面图　　本页 04 整体鸟瞰
　　 02 一层平面图　　　　 05 主入口鸟瞰
　　 03 南立面

04

05

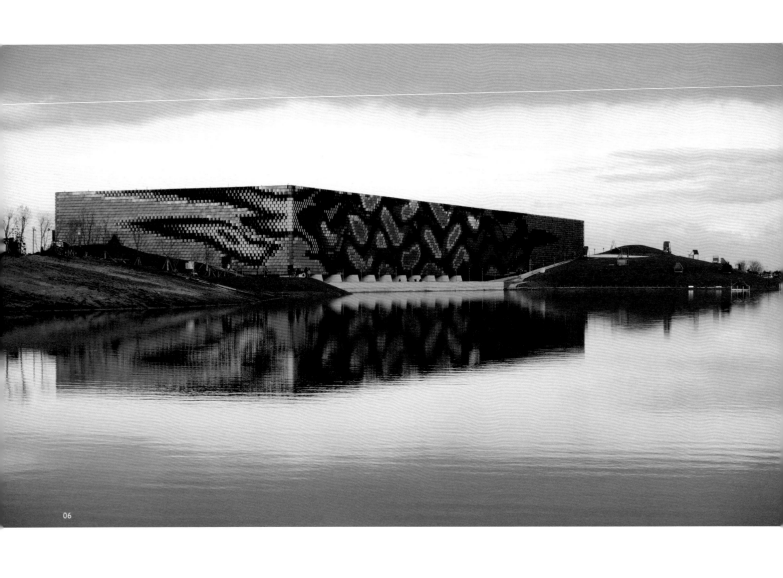

06

07

08

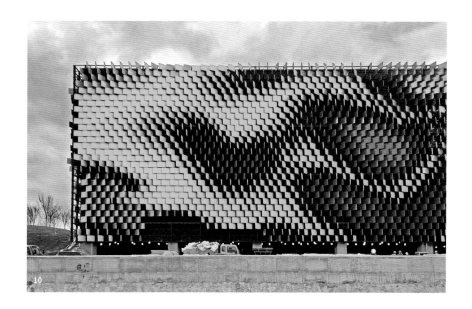

对页　　06　西南人视

　　　　07～08　南立面近景

本页　　09　进场厅内景

　　　　10　北立面钢结构施工过程

北京市档案馆新馆

二等奖 • 文化建筑　　专项奖 • 结构

建设地点 • 北京市东城区　　建筑高度 • 48.5 m
用地面积 • 3.36 hm²　　设计时间 • 2009.11
建筑面积 • 11.50万 m²　　建成时间 • 2018.09

北京市档案馆新馆是北京市党政机关、人民团体、企事业单位保存永久性档案的场所，兼具陈列展览、教育培训、学术交流功能，集"档案安全保管基地、档案利用中心、政府信息查阅中心、电子文件中心、爱国主义教育基地"五种功能合为一体的国家级综合性档案馆，也是国内面积最大的档案馆。

建筑为新式古典三段式立面，中轴对称布局，中央大厅采用玻璃幕墙，其他部分采用暖色石材幕墙。北侧除首层外均设置库区，库区整体墙顶地均设置双层空间与外部隔离；中间为停车库；南侧为有下沉庭院的餐厅、厨房及配套用房等。首层参观流线经门厅进入中央大厅，大厅为主要礼仪厅堂，可举办各类开幕仪式；大厅两侧分别为档案展览厅和学术报告厅；北侧为休息区和政府信息查阅中心；档案货流经初步处理经东、西货梯到达各库区。标准层南侧分层为档案利用中心、档案制作技术用房及办公区，中间分层为展览、会议、多功能厅。八层布置有规格较高的接待室及4000平方米的屋顶内庭院式花园，可供办公人员休憩。

设计总负责人 • 张　宇
项目经理 • 柯　蕾
建筑 • 张　宇　柯　蕾　檀建杰　彭　勃　孙彦亮
结构 • 李　婷　张　曼　李会杰　耿海霞
设备 • 张丽娟　黄　晓　范　蕊
电气 • 宋立立　李林杰　田　梦

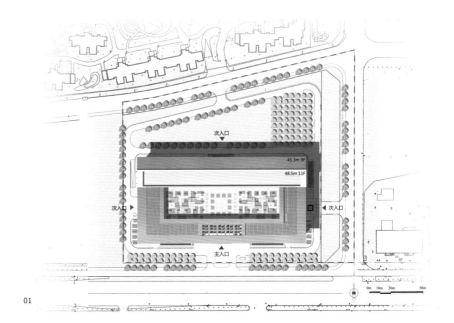

01

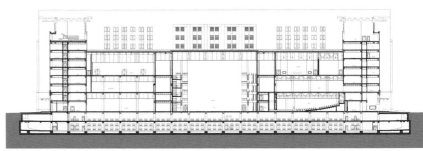

02

03

对页 01 总平面图　　本页 04 主入口　　　　　08 报告厅

　　　 02 剖面图　　　　　　 05 主入口立面夜视　 09 展厅

　　　 03 正立面　　　　　　 06 空中庭院　　　　 10 档案库房

　　　　　　　　　　　　　　 07 中央大堂

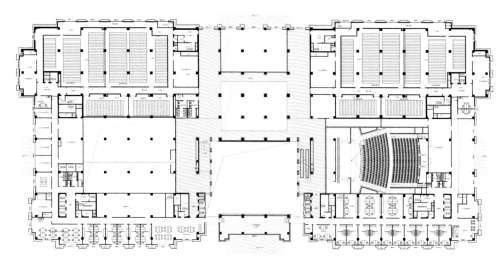

11

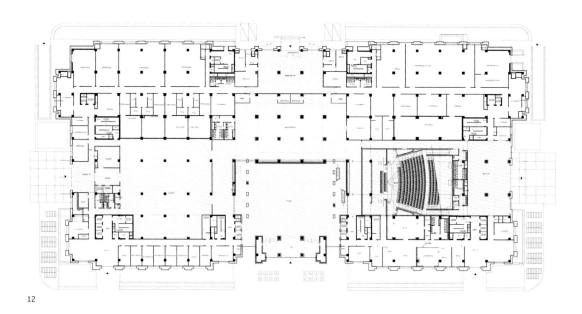

12

本页　11　二层平面图

12　首层平面图

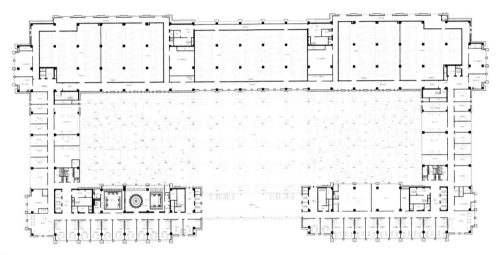

13

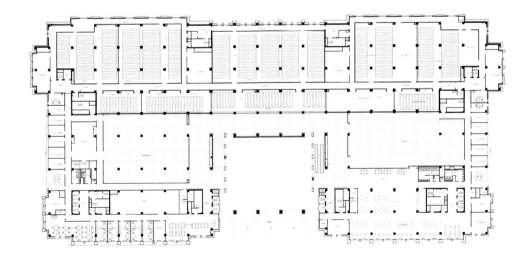

本页 13　八层平面图
　　　14　三层平面图

14

北京小汤山医院升级改造应急工程（新建1500床临时病房）及配套项目

一等奖 • 医疗建筑
专项奖 • 应急医疗

建设地点 • 北京市昌平区
用地面积 • 3.79 hm²
建筑面积 • 6.96万 m²

建筑高度 • 9.18 m
设计时间 • 2020.01
建成时间 • 2020.03

项目为应对新冠肺炎疫情而新建的1500床临时应急医院，是市级定点收治新冠肺炎患者的后备医院；采用装配式模块设计，按照传染病房标准设计建造。用地位于现有院区北侧。从北至南依次是医技区和病房区，各功能区之间相互独立，通过内院相连接。医护出入口位于基地南侧，患者出入口均布于基地东、西两侧。病房区3层，东西对称，每层共有10个护理单元，每个护理单元设50床。病房区严格按照传染病房"三区两通道"的原则进行设计，医护人员主入口设在最南端，兼作洁品入口。医护工作区及休息区内都设置天井，两侧连廊与北侧的医技区连接。

项目在建筑外立面和室内公共空间进行了一系列色彩设计，温暖又兼具识别性，是一栋"有温度的建筑"。通过鱼骨状的设备平台及管廊对建筑的屋顶设备与管线路由进行全面的整合与优化，节约机电系统的工程造价，降低屋面雨水渗漏的可能性。

设计总负责人 • 南在国 王 佳 张 圆
项目经理 • 郑 琪
建筑 • 邵韦平 南在国 王 佳 张 圆
　　　　张东坡 张 豪 宁顺利
结构 • 郑 琪 陈彬磊 杨 懿
设备 • 安 浩 马 超
电气 • 赵小文 梁 巍
经济 • 高 峰

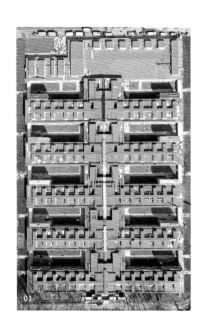

01

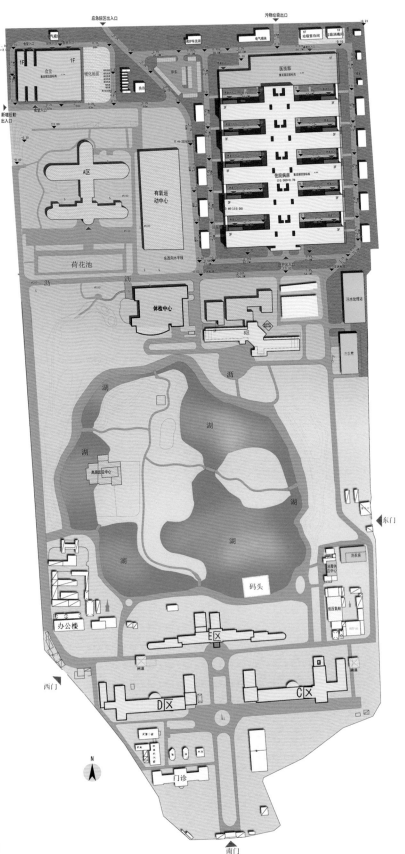

02

对页 01 医院第五立面　　本页 03 东北侧日景鸟瞰
　　　02 总平面图　　　　　　04 西北侧夜景鸟瞰

本页 05 西侧人视　　　　　对页 08 1500 床战备医疗区首层组合平面图

　　　06 室外色彩　　　　　　　 09 1500 床战备医疗区二层组合平面图

　　　07 室内医护区色彩　　　　 10 1500 床战备病房区放大平面图

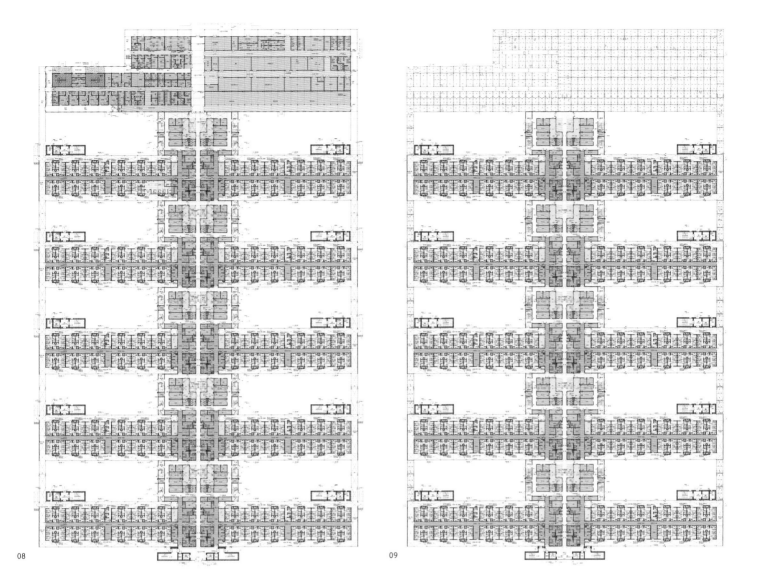

08

09

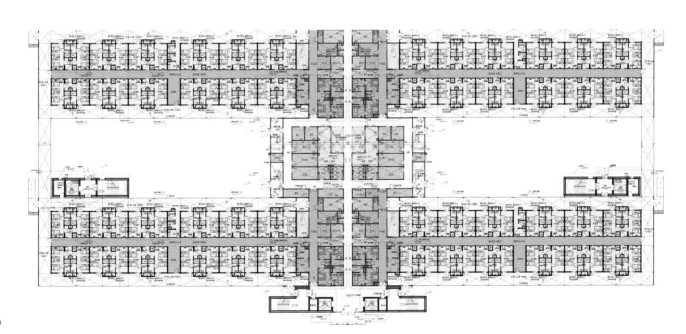

10

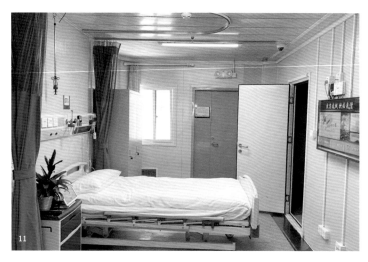

本页 11 病房实景   14 洗衣房

      12 医技区   15 1500 床战备病房单元 BIM 模型

      13 阳光病患走廊   16 1500 床战备病房标准单元

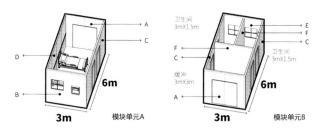

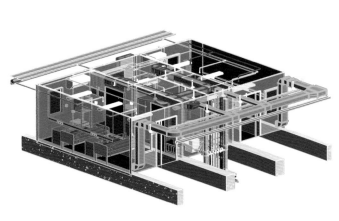

15

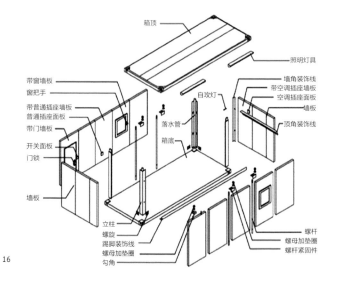

16

本页 17 餐厅食堂鸟瞰
    18 餐厅食堂室内
    19 配套换热站鸟瞰

首都医科大学宣武医院改扩建一期

二等奖 • 医疗建筑

建设地点 • 北京市西城区
用地面积 • 7.12 hm²
建筑面积 • 8.07 万 m²

建筑高度 • 44.95 m
设计时间 • 2016.11
建成时间 • 2018.12

项目是首都医科大学宣武医院原有院区南侧新征用地上的新建医疗项目，包含干部保健病房楼（200床）、神经科学研究所（280床）和附属楼三栋建筑。用地南侧、东侧为主要出入口，西北侧设有次要出入口作为污物出口。研究所和附属楼之间设有大台阶及坡道直通两栋建筑的二层大平台。地下共三层，功能包括介入手术中心、影像中心、动力中心和车库。

干部保健病房楼，包括特需及干部出入院门厅、门诊及功能检查区、检验中心、重症监护区（ICU）、设备层、标准病区，顶层为干部病区；神经科学研究所和一家德国神经科学研究所是姊妹楼，包括研究所大厅、多功能厅、标准病区、ICU、手术室；附属楼，包括门厅、700人报告厅、档案室、专家办公室、阅览空间等。

干部保健病房楼呈"一"字形布置，简洁立面作为研究所的"背景墙"。研究所迎合交叉路口采用钢结构形式模仿人体大脑形态，横向玻璃幕墙外采用脑电波的彩绘图案强化神经学科特点。研究所选用钢框架-钢筋混凝土核心筒结构体系、装配式室内装饰材料，减少了现场施工周期，加快了施工进度。

设计总负责人 • 南在国
项目经理 • 南在国
建筑 • 南在国 杨海宇 周 丹 万 钧
　　　 胡春辉 吴雪杨 魏 萌
结构 • 卢清刚 展兴鹏
设备 • 徐 芬 张 帆
电气 • 罗继军 朱明春
室内 • 昶新星
经济 • 高 峰

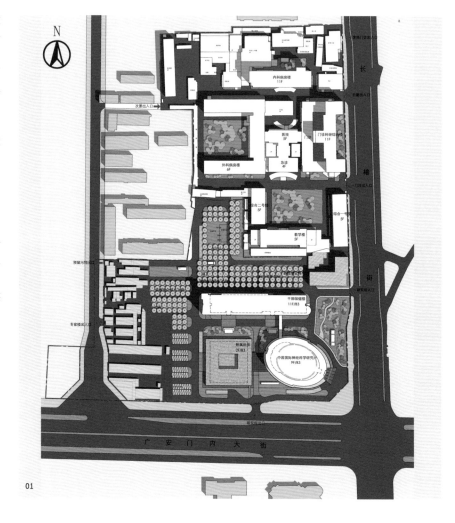

01

02

对页 01 总平面图 本页 03 夜景鸟瞰
02 东南方向鸟瞰 04 东立面全景
05 室外全景
06 干部保健病房楼南立面细部

03

04

05

06

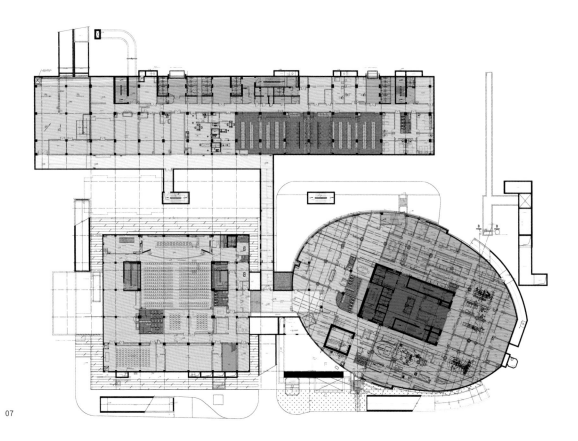

07

本页 07 地下一层平面图　　　对页 09 研究所首层、首层设备管道夹层平面图

08 地下二层平面图　　　　　　　10 研究所室内中庭

11 干部保健病房楼五至十一层平面图

12 附属楼首层、夹层平面图

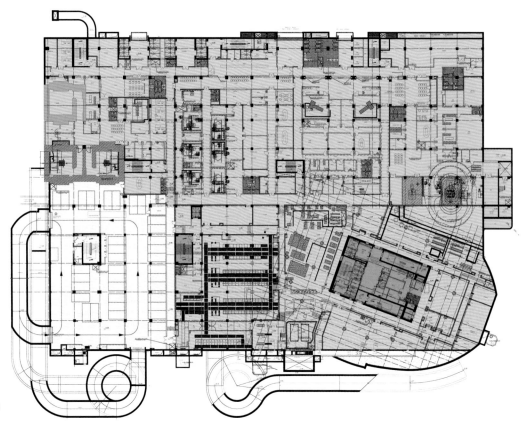

08

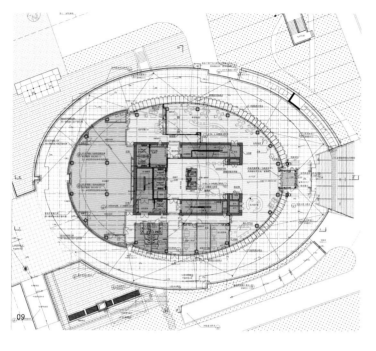

09

10

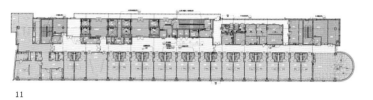

11

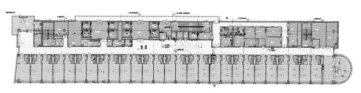

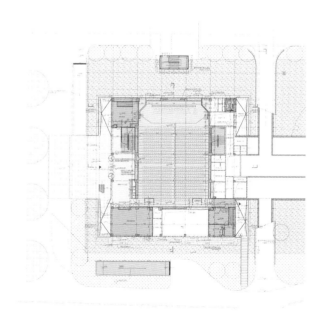

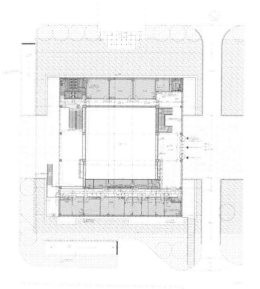

12

三亚海棠湾阳光壹酒店

一等奖 • 酒店建筑
专项奖 • 绿色建筑

建设地点 • 海南省三亚市
景观面积 • 10.10 hm²
建筑面积 • 6.01 万 m²
建筑高度 • 33.35 m

设计时间 • 2015.02
建成时间 • 2019.12
合作单位 • 欧华尔顾问有限公司

项目东隔市政滨海道路朝向海棠湾，为国际品牌五星级豪华度假酒店，设有客房 294 间。建筑群落体型转折变化、形态错落，外立面使用了大量地方材料，并进行一系列遮阳和融合建构的多重绿化景观设计。立面结合暖色木料和耐候金属，与源自本地火山石材等天然物料融合，形成不同质感的有机结合。

建筑主体为南翼 U 形高层与北翼 L 形多层，中间夹酒店入口大堂及餐饮等公共区域，海景利用充分。宴会厅、餐饮、SPA 设于下部楼层南、中、北部，西侧局部结合下沉庭院及室外围合庭院，整体场地东部设置泳池、戏水池及绿地景观庭院等。各类后勤用房、车库及设备用房设置在地下或半地下空间中。客房楼首层打造了泳池池畔客房，客房层均采用单面走道，同时设置有底层架空花园、空中庭院、屋顶花园及半室外空间，屋顶设置三套空中豪华套房。

设计总负责人 • 刘志鹏 梁燕妮
项 目 经 理 • 杜 松
建筑 • 杜 松 刘志鹏 梁燕妮 赵 晨
　　　　任 蕾 谭 川 郝 琳
结构 • 徐福江 张沫洵 卢 帅
设备 • 段 钧 张志强 魏广艳
电气 • 张 争 刘 倩 孙晟浩

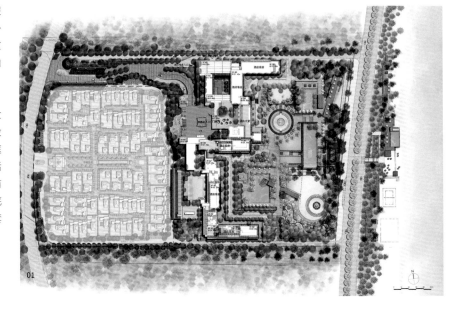

01

02

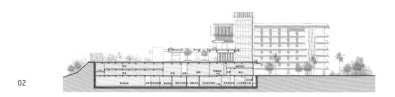

03

04

对页 01 总平面图　　　　本页 05 夜景鸟瞰
　　 02 剖面图　　　　　　　 06 东立面局部
　　 03 入口落客区夜景　　　 07～08 外立面细节
　　 04 酒店主入口

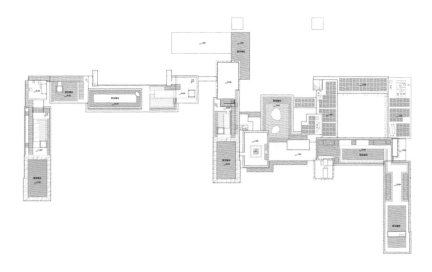

11

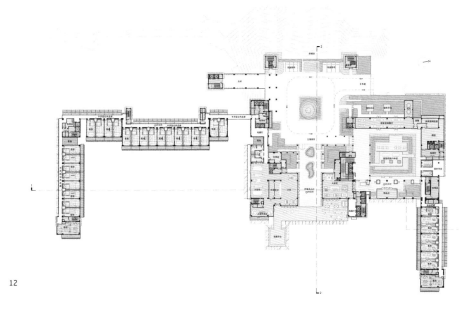

12

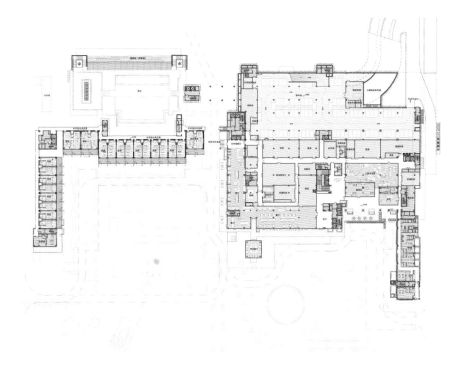

对页 09 东立面全景
10 东立面局部

本页 11 屋顶平面图
12 首层平面图
13 地下二层平面图

13

对页 14 东立面客房阳台

本页 15 屋顶绿化
16 大堂吧室内
17 客房半室外走廊
18 客房走廊垂直绿化

2019 中国北京世界园艺博览会世园村酒店

一等奖 · 酒店建筑

建设地点 · 北京市延庆区
景观面积 · 5.23 hm²
建筑面积 · 7.90 万 m²

建筑高度 · 29.95 m
设计时间 · 2016.08
建成时间 · 2019.03

项目为 2019 中国北京世界园艺博览会专属配套酒店，亦为 2022 年北京冬奥会服务，是园艺特色的五星级生态酒店，设有 300 间酒店客房及 100 间温泉客房。设计提取传统建筑元素，采用三段式、缓坡大屋顶、疏密变化仿木格栅、檩椽造型；外墙主要采用石材、仿木纹涂料、封檐铝板和灰瓦。

酒店占据正对世园会园区主入口的优势，布置 4 栋酒店建筑，并附设宴会厅、温泉馆，形成 U 形布局，前端形成三面围合景观礼仪入口广场。规划形态呈现东高西低，使酒店客房拥有良好的景观，并减少对西侧道路的压迫感。南侧为水疗、养生馆等温泉功能用房，并设有外部温泉庭院。中部为酒店大堂；北侧为宴会厅及餐厅等用房。不同栋顶层设总统套房、露台和行政酒廊。

设计总负责人 · 金卫钧 刘志鹏
项目经理 · 焦 力
建筑 · 金卫钧 刘志鹏 焦 力 张 伟 赵 晨
结构 · 王 轶 甄 伟 慕晨曦
设备 · 段 钧 张志强 李 昕 魏广艳
电气 · 郝晨思 孙晟浩 刘 倩

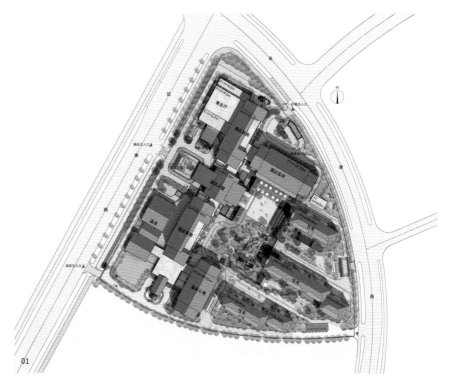

对页 01 总平面图　　本页 04 鸟瞰
　　 02 沿延康路街景　　 05 剖面图
　　 03 正立面　　 06 酒店中心庭院
　　 07 夜景

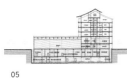  

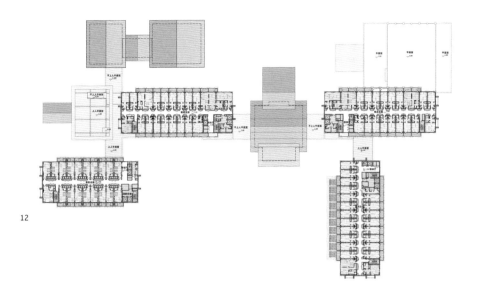

12

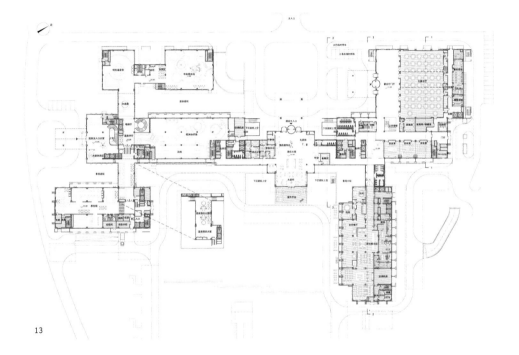

13

对页 08 正立面主入口

09 温泉区入口

10 主入口特写

11 大堂

本页 12 三层平面图

13 首层平面图

14 地下一层平面图

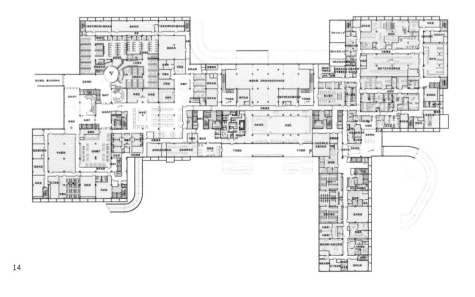

14

羲皇圣地美景庄园（一期）

二等奖 • 酒店建筑

建设地点 • 河南省郑州市
景观面积 • 6.07 hm²
建筑面积 • 1.61 万 m²
建筑高度 • 4.50～9.65 m

设计时间 • 2012.12
建成时间 • 2019.04
合作单位 • 北京集美组建筑设计
有限公司

项目位于郑州伏羲山风景区，为山地主题休闲度假精品酒店。设计利用场地高差，通过中部、外部两个组团布局建筑，实现客房视线无遮挡。建筑造型采用新中式风格，展示中心面向道路的外墙利用彩色混凝土融入秸秆等当地植物，呈现当地传统土坯墙风貌且保温性能高，并与青灰色条砖形成质感对比；独栋客房立面底层采用石材，上层采用浅色涂料，屋顶为灰色坡屋面。

展示中心地下一层为厨房及设备机房，首层为接待及休息区，二至三层包含会客厅、厨房及卧房等功能，二层局部夹层为办公区域。独栋客房分为 4 个类型，室外配有泳池或泡池。展示中心、客房在设计上注重结合景区自然景色及气候特点，设置景观水池、室外平台、入户花园、出挑阳台等可观景空间。

设计总负责人 • 唐 佳
项 目 经 理 • 金卫钧
建筑 • 唐 佳　白文娟　曹韡佳　厉 娜
结构 • 王立新　白 嘉　李伟峥　葛 华
设备 • 蒙小晶　宋丽华　胡 宁　冯 珂
电气 • 刘 倩　郝晨思　张 争

01

02

03

对页 01 总平面图　　　　本页 04 展示中心入口
　　　02 展示中心庭院　　　　　05 展示中心室外景观
　　　03 展示中心夜景

04

05

06

07

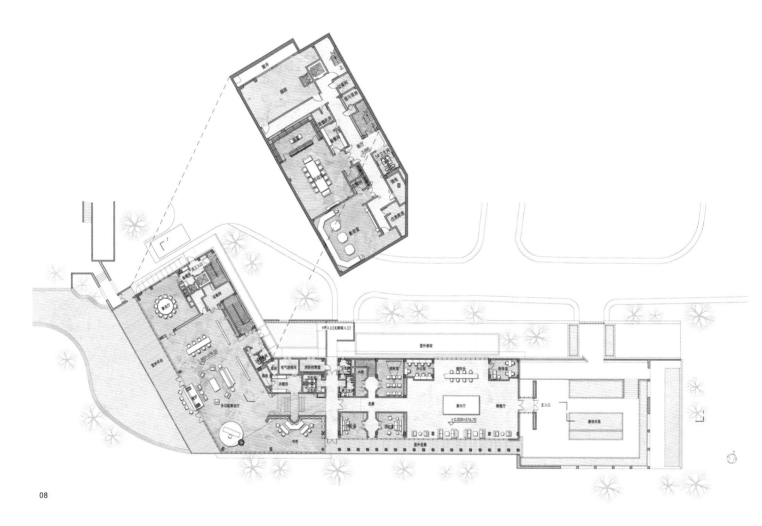

08

09

10

对页 06 展示中心无边泳池

07 展示中心多功能厅

08 展示中心首层、地下一层平面图

09 V4 客房景观楼梯

10 V4 客房地下一层

本页 11 V1-1 客房首层平面图

12 V1-1 客房剖面图

13 V2-1 客房首层平面图

14 V4 客房地下层平面图

11

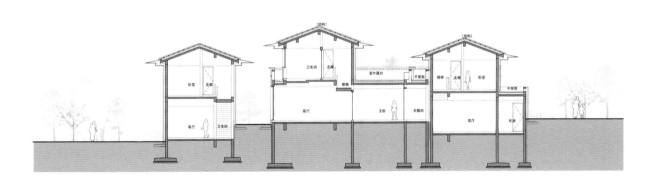

12

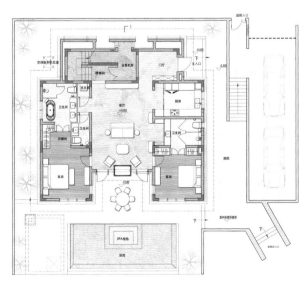

13

14

南宁吴圩国际机场过夜用房

二等奖 ● 酒店建筑

建设地点 ● 广西壮族自治区南宁市　建筑高度 ● 40.20 m
景观面积 ● 1.83 hm²　设计时间 ● 2012.10
建筑面积 ● 4.62 万 m²　建成时间 ● 2018.05

项目位于南宁吴圩国际机场新航站区，是集商务酒店、旅客过夜用房和配套设施于一体的四星级酒店建筑，有房间 450 间。椭圆的体形呼应航站区的整体格局，与机场、交通中心和塔台共同形成建筑群体。客房层逐层收分、裙房反收分。标准层外墙层叠的金属遮阳构件积极应对南宁炎热的气候特征，同时赋予建筑"飞舞的羽毛"及"节节攀升"的寓意。

建筑主要出入口位于北侧，面向航站楼方向。两个类型的酒店分区设置，局部公共设施共用。地下一层包括 SPA、健身房、部分后勤用房、各类厨房等。首层主要为大堂、餐厅、贵宾休息室等。二层主要为多功能厅及会议室、康乐用房、西餐厅等。三层至九层为围绕中庭，分设于东、西两侧的商务酒店和旅客过夜用房的标准客房。

设计总负责人 ● 田　晶
项 目 经 理 ● 董建中
建筑 ● 田　晶　高　旋　门小牛　陈静雅
结构 ● 陈　清　郭晨喜　冯俊海　赵　胤
设备 ● 穆　阳　谷现良　钱雨宁　高振华
电气 ● 范士兴　郭鹏亮　潘　明

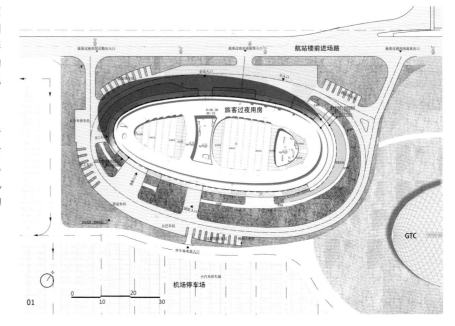

01

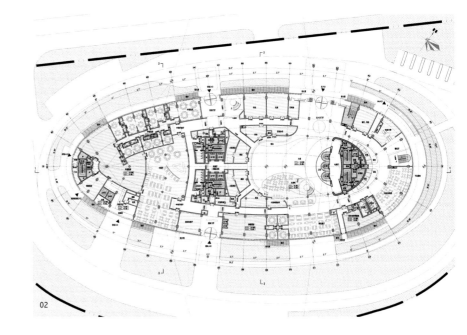

02

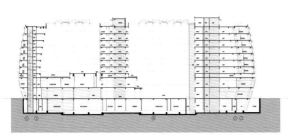

03

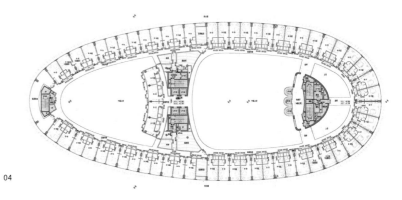

04

对页 01 总平面图   本页 05~06 机场路街景

02 首层平面图   07~08 外幕墙细节

03 剖面图

04 标准层平面图

本页 09 机场路街景

　　　10 酒店入口

　　　11 天窗

　　　12 客房

对页 13 酒店小中庭大堂吧

北京大学医学部综合游泳馆

一等奖 • 体育建筑

建设地点 • 北京市海淀区　　建筑高度 • 16.80 m
用地面积 • 1.82 hm²　　　　设计时间 • 2015.08
建筑面积 • 2.20 万 m²　　　建成时间 • 2019.12

项目是集体育比赛、训练、全民健身、教学、集会等功能于一体的综合性场馆，建设内容包含两部分，一是新建部分（含羽毛球、网球、健身、乒乓球及游泳馆），二是改造原有体育馆，同时将两部分连为有机整体。

项目用地紧张，建筑功能空间复杂，包含了篮球馆、游泳馆、羽毛球场地、乒乓球场地、排球场地、网球场地等多个大型及小型体育空间。场地功能可以灵活转换，满足多时段、多功能、多样人群的不同体育运动需求。篮球馆可以举办 1300 人观众非正规篮球比赛和 2000 人典礼，游泳馆设标准泳道 8 条。

新旧馆通过立面的延续，保证了建筑的形体完整性。立面采用砌块砖与幕墙结合系统，色彩上延续了校园主要建筑的砖红色和白色。新建综合游泳馆与现有操场共同形成一个完整的校园体育运动区。建筑整体为"一"字形平面布局，东侧保留用地树木，西侧将游泳馆设置在地下空间，令地面上有更多的室外活动场地。室外下沉庭院满足了景观及东西两侧的游泳馆和球类馆的采光、通风需求。

设计总负责人 • 刘康宏　徐聪智
项 目 经 理 • 刘康宏
建筑 • 刘康宏　徐聪智　刘夏雨　杨晓超　王玲玲
结构 • 刘长东　卢清刚
设备 • 刘 弘　翟立晓　祁 峰
电气 • 宋立立　侯宇明
室内 • 顾 晶　张玉良
经济 • 高 峰

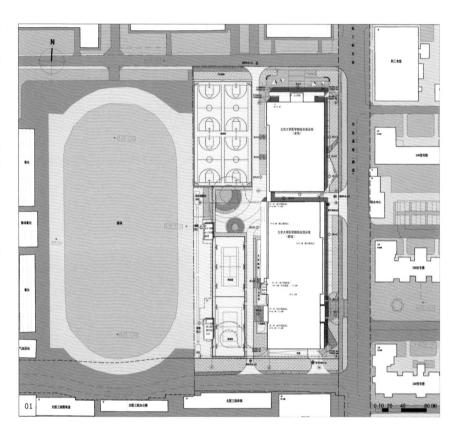

对页 01 总平面图　　　　本页 04 北立面
02 西立面全景（北侧）　　05 新馆主入口
03 西立面全景（南侧）

对页 06 西北角立面
07 砖砌立面细节
08 东立面局部
09 东南角立面局部

本页 10 剖面图
11 新馆门厅
12 新馆首层休息厅
13 通高室内中庭

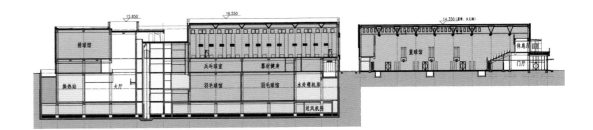

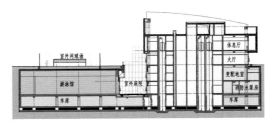

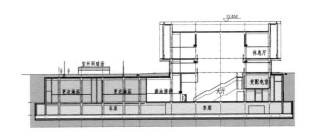

10

11

12

13

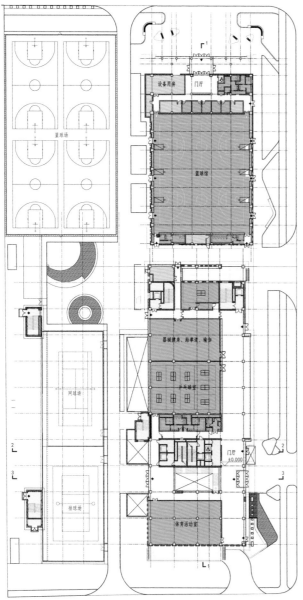

14

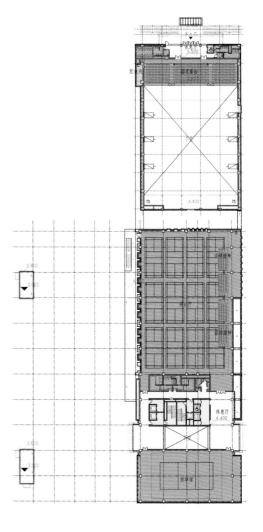

15

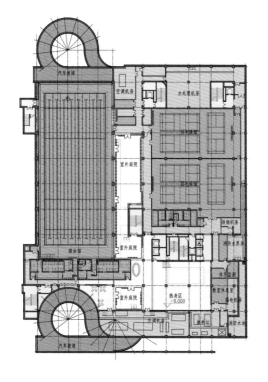

16

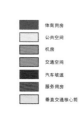

体育用房
公共空间
机房
交通空间
汽车坡道
服务用房
垂直交通核心筒

本页 14 首层平面图

15 二层平面图

16 地下一层平面图

对页 17 篮球馆

18 游泳馆

马来西亚拉庆苏丹依布拉欣体育馆

二等奖 • 体育建筑
专项奖 • 结构

建设地点 • 马来西亚柔佛州
用地面积 • 14.16 hm²
建筑面积 • 7.13 万 m²

建筑高度 • 48.50 m
设计时间 • 2016.01
建成时间 • 2020.01

项目为 3.5 万座专业足球比赛场，是马来西亚足球俱乐部柔佛 DT 的常驻主场，也是马来西亚第一个专业足球赛场和第二大体育场馆。定位为用于承办马超联赛、亚冠、亚洲杯及世界杯外围赛。外罩棚采用白色 PTFE 膜及部分 ETFT 膜。晚间通过多种泛光效果营造比赛的气氛。罩棚结构采用光触媒喷涂自洁层的铝单板幕墙。主看台采用聚脲弹性体看台施工工艺，做到防水和装饰面层的一体化。项目建成后成为柔佛地标建筑，提升了球队形象，并在非赛季给球队带来收益。

赛时观众从东侧的观众主入口，通过景观台阶二层平台进入场馆。王室、运动员及随队官员、媒体、技术官员、球队运营工作人员入口设置在西侧。建筑首层西侧为竞赛用房、设备用房，东侧为球迷俱乐部等。二层及四层为环形观众平台和观众用房。三层西侧设王室包厢、VIP 包厢，预留演唱会功能；东侧为观众用房。建筑造型取自热带雨林文化，构思源自"芭蕉叶"，兼顾结构与形态的要求，通过叶脉式的表皮肌理对光线进行控制。

设计总负责人 • 黄 捷
项目经理 • 符景明
建筑 • 黄 捷 李敏茜 刘嘉旺 李 夔 汤颖茵 杨 莹
结构 • 黄泰赟 符景明 杜元增 张郁林 袁 昆
设备 • 胡雪利 刘 旭 巴音吉勒
电气 • 周陶涛

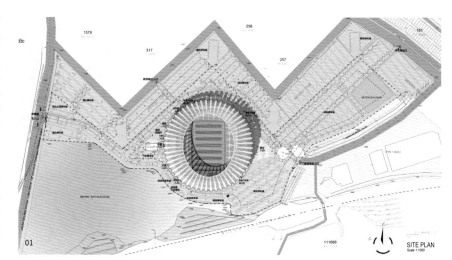

01　SITE PLAN　Scale 1:1000

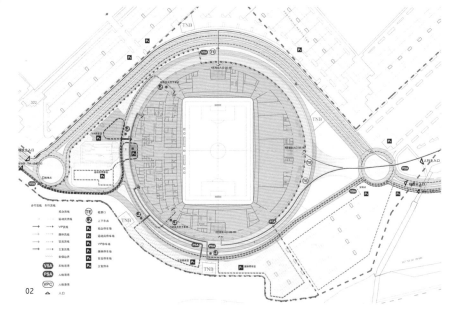

02

03

04

对页 01 总平面图   本页 05 鸟瞰

02 流线及运营分区   06 内景

03 夜景鸟瞰

04 西侧鸟瞰图

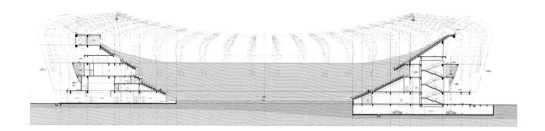

07

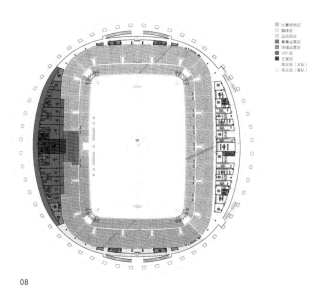

08

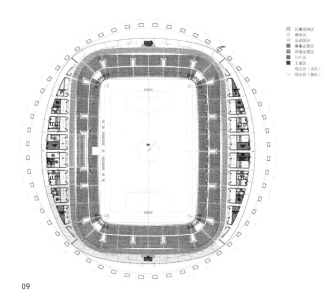

09

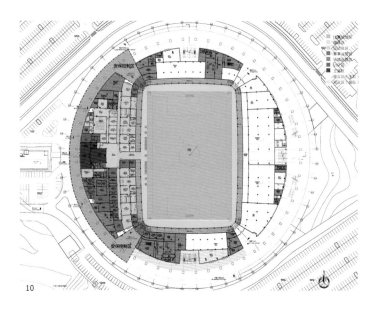

10

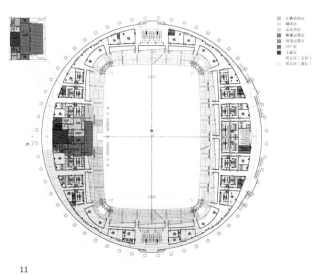

11

对页 07 剖面图   本页 12 场内夜景

     08 三层平面图   13 坐席实景

     09 四层平面图   14 主队更衣室实景

     10 首层平面图

     11 二层平面图

援科特迪瓦阿比让体育场

一等奖 • 体育建筑
专项奖 • 结构

建设地点 • 科特迪瓦阿比让市
用地面积 • 20.00 hm²
建筑面积 • 6.13 万 m²

建筑高度 • 51.4 m
设计时间 • 2015.06
建成时间 • 2019.11

体育场位于科特迪瓦阿比让市北部郊区，建设目标为 6 万人座甲级特大型体育场，将成为非洲最大、最现代化的体育场，可举办全国性和单项国际比赛，满足田径、足球、英式橄榄球国际比赛标准要求。周边市政设施不完善，车流交通组织依靠红线外环路，实现场内人车分流。

立面方案灵感来源于世界杯和非洲杯的奖杯造型，96 榀钢筋混凝土框架环绕体育场场心。顶端分叉的多边形混凝土柱形成一个个的凯旋之门。交叉柱上代表科特迪瓦国旗的橙白绿三色半透明色块，象征科特迪瓦体育的光辉和荣耀。屋顶钢结构罩棚造型为马鞍形，48 榀钢桁架前端支承在看台主框架柱上，最外侧端头通过支座固定于柱顶环梁上。为减小柱底内力，在柱中部设置飞扶壁与看台相连。钢骨架上为膜结构。建筑首层为竞赛用房、贵宾用房、设备用房、商店餐厅等；二层、五层为观众集散室外平台，通向低、中区和高区看台；三层西侧为主席台休息厅等贵宾用房；四层西侧为贵宾、媒体包厢用房。

设计总负责人 • 刘 淼 陈 华
项 目 经 理 • 冀海鹏
建筑 • 刘 淼 陈 华 冀海鹏 张怀宇 孙中元
　　　朱 娜 杜 江
结构 • 于东晖 曲 罡 梁丛中
设备 • 陈 岩 刘婉平
电气 • 师宏刚 李 正 马 晶

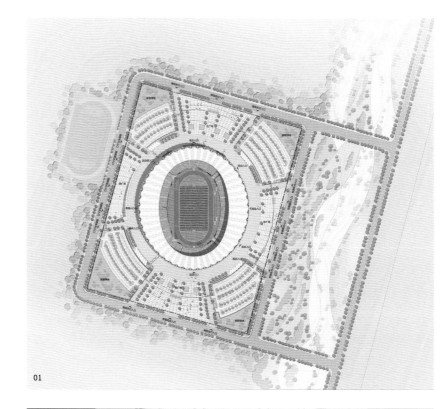

01

03

02

04

对页 01 总平面图　　本页 05 鸟瞰

　　 02 内场　　　　　　 06 正面全景

　　 03 航拍俯视

　　 04 侧立面

05

06

07

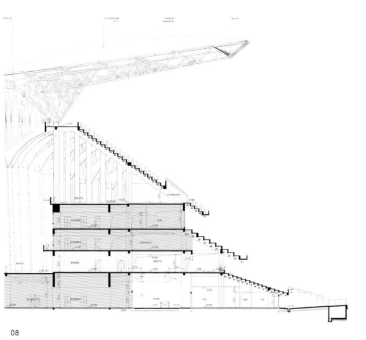

08

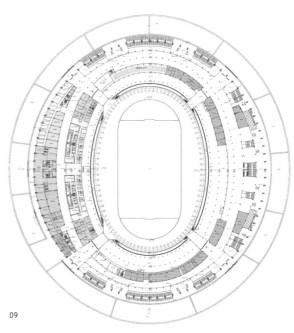

09

对页 07 西侧主入口　　本页 10 罩棚和柱顶装饰

　　 08 剖面图　　　　　　 11 二层观众平台楼梯

　　 09 首层平面图　　　　 12 飞扶壁

　　　　　　　　　　　　　 13 五层观众平台

本页 14 内场

15 二层平面图

16 三层平面图

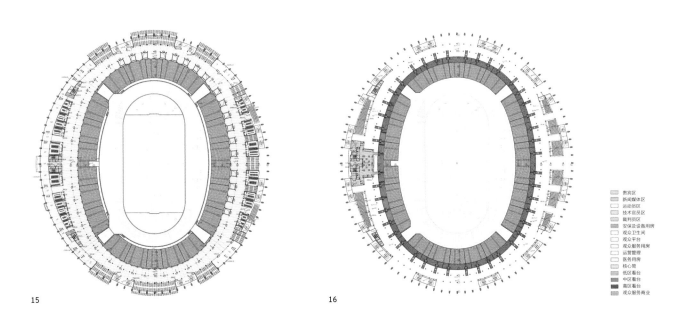

15

16

贵宾区
新闻媒体区
运动员区
技术官员区
裁判员区
安保及设备用房
观众卫生间
观众平台
观众服务用房
运营管理
医务用房
核心筒
低区看台
中区看台
高区看台
观众服务商业

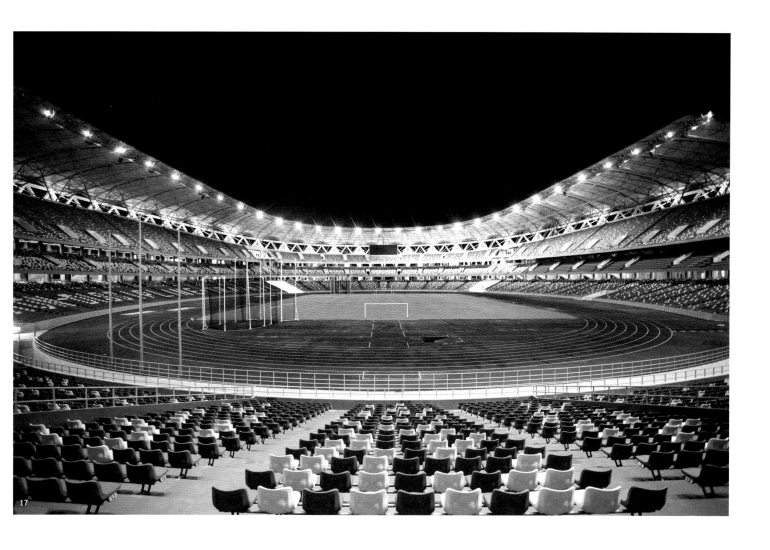

本页 17 内场
　　 18 首层贵宾休息厅
　　 19 三层贵宾大厅

包商银行商务大厦

一等奖 • 城市综合体	建设地点 • 内蒙古自治区包头市	建筑高度 • 133.35 m
专项奖 • 结构	用地面积 • 3.32 hm²	设计时间 • 2011.06
绿色建筑	建筑面积 • 25.27 万 m²	建成时间 • 2019.06

项目位于包头新都市区重要门户地段，涵盖办公、金融交易、五星级酒店、配套及商业 5 个功能，由 A 座和 B 座两栋组成。其中，A 座功能为总部办公和金融交易，在二十四至二十七层办公层设通高中庭空中花园，外幕墙采用"第二代呼吸器技术"，实现了超高层在过渡季的自然通风节能；低送风技术融合垂直绿化系统，营建了高空低能耗生态中庭。B 座功能为金融交易，在六至十层以马鞍形大跨拉索交易大厅与 A 座连接，通过透光楼板为下方商业中庭提供自然光，构成沙漏型空间系统。

建筑立面跟随被动式技术逻辑，采用单元式幕墙控制窗墙比；层间薄膜发电整合外遮阳功能，大幅降低能耗；晶硅发电组件和微风发电涡轮塑形第五立面。以上整套系统全年发电量 25.7 万千瓦，实现了新能源技术与建筑一体化应用创新。项目获得绿色建筑三星级标识和 LEED 铂金级认证。

设计总负责人 • 米俊仁　聂向东　李大鹏
项 目 经 理 • 李大鹏
建筑 • 米俊仁　聂向东　李大鹏　沈晋京
　　　任振华　黄　汇　杨晶玉
结构 • 卢清刚　刘长东　刘　华
设备 • 刘　沛　鲁冬阳
给 水 排 水 • 张　成
电气 • 宋立立　韩京京

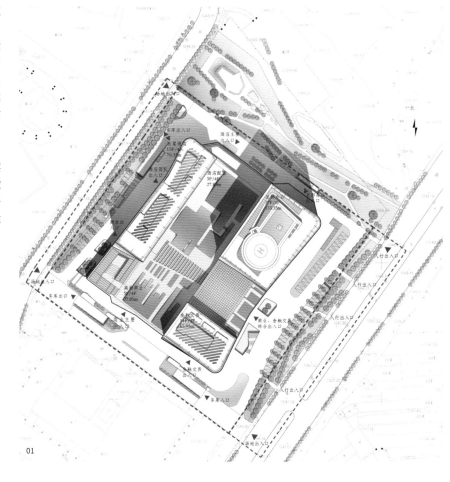

01

02

03

对页 01 总平面图　　　本页 04 东北立面全景

　　　02 东侧人视　　　　　05 包商屋顶露台

　　　03 包商黄昏人视　　　06 下沉广场

04

05

06

本页 07 酒店入口　　　　　　对页 13 六层平面图

　　　08 裙房人视　　　　　　　　　14 四层平面图

　　　09 营业厅大堂　　　　　　　　15 三层平面图

　　　10 酒店宴会厅　　　　　　　　16 二层平面图

　　　11 酒店客房层走廊　　　　　　17 地下一层平面图

　　　12 剖面图　　　　　　　　　　18 首层平面图

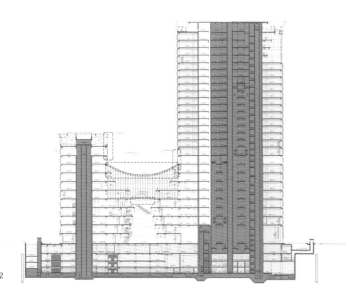

13

14

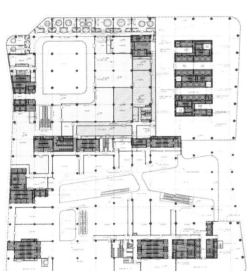

15

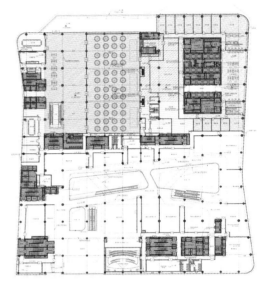

16

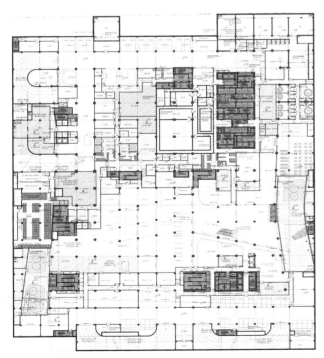

17

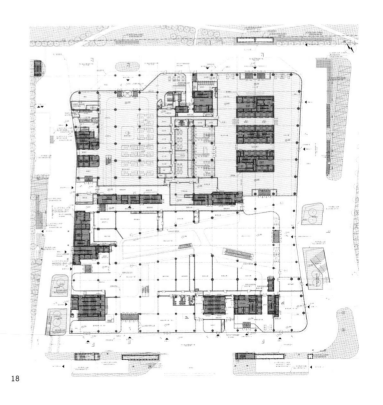

18

19

20

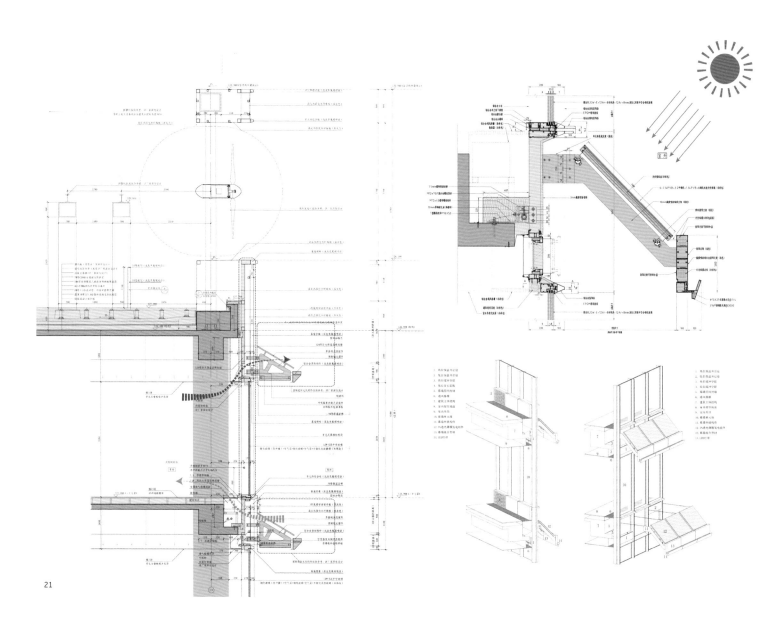

21

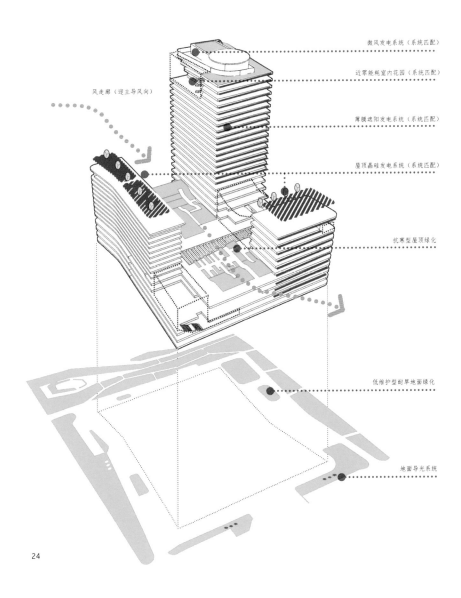

微风发电系统（系统匹配）

近零能耗室内花园（系统匹配）

风走廊（迎主导风向）

薄膜遮阳发电系统（系统匹配）

屋顶晶硅发电系统（系统匹配）

抗寒型屋顶绿化

低维护型耐旱地面绿化

地面导光系统

对页 19 立面新能源组件

20 屋顶新能源组件

21 墙身大样图

本页 22 风走廊

23 抗寒屋顶绿化效果图

24 绿色系统

24

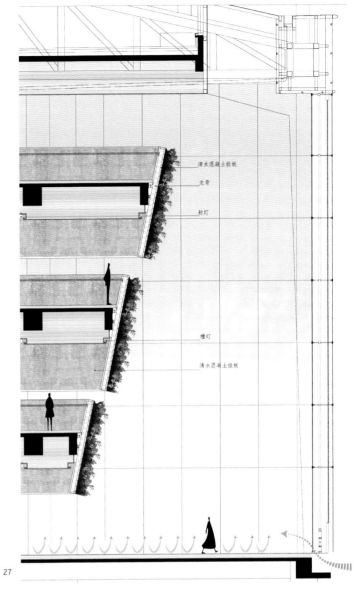

对页 25　近零能耗室内花园

本页 26　绿化中庭
　　　27　空中花园绿化系统
　　　28　绿化中庭走廊内部

27

清水混凝土挂板
龙骨
射灯

槽灯

清水混凝土挂板

28

水木一方大厦

二等奖 • 城市综合体

建设地点 • 广东省深圳市	建筑高度 • 100 m
用地面积 • 0.76 hm²	设计时间 • 2013.05
建筑面积 • 6.16 万 m²	建成时间 • 2019.04

项目是以研发办公为主导含配套的多功能园区，是深圳市第一个拆除重建的用地面积在1万平方米以下的城市更新单元。场地靠近南山区政府，北侧有荔香公园，景观较好，但用地局促。研发办公设在西侧，靠近市政路，交通便利；配套公寓与回迁住宅楼设在东侧，相对静谧。在用地中间位置规划一条 25 米宽的视线通廊，避免遮挡南侧检察院的景观视线。

建筑采用 4 类单元式幕墙，通过不同单元的组合，形成波浪形的立面效果。将办公体型做削切处理，化塔为板，利用公建的手法去处理公寓楼、住宅的立面，三个单体形成统一的外部形象。白色金属板装饰翼是立面重要特征，起遮阳作用并暗藏雨水管，功能与造型相结合。配套公寓与回迁住宅楼，首层与二层除交通核及辅助用房外，设架空绿化休闲空间，提升居住品质。

设计总负责人 • 马 悦 吴 迪
项目经理 • 谭 雪
建筑 • 马 悦 吴 迪 郭世方 杜立军 薛 辰 谭 雪
结构 • 陈 冬 祁 跃 陈 清 常坚伟
设备 • 张 弘 李 堃 高 楠
电气 • 杨明轲 权 禹

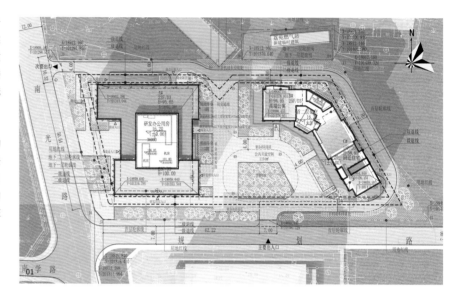

对页 01 总平面图　　　　本页 04 首层平面图

　　 02 办公楼主入口　　　　 05 办公楼西立面局部

　　 03 办公楼南立面夜景全景　 06 南向鸟瞰图（园区景观）

04

05

06

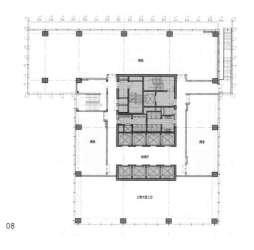

08

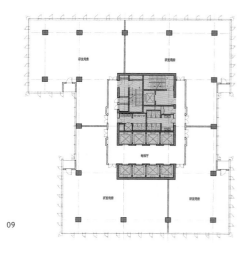

09

10

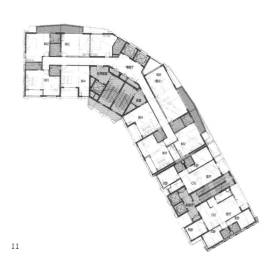

11

对页　07　办公楼西南立面日景全景

本页　08　A座二层平面图

　　　09　A座三层平面图

　　　10　B座、C座二层平面图

　　　11　B座、C座三层平面图

　　　12　办公楼大堂

　　　13　办公楼电梯厅

　　　14　宿舍楼首层公共区

12

13

14

海峡青少年活动中心

二等奖 • 综合楼建筑

建设地点 • 福建省福州市　建筑高度 • 31.5m
用地面积 • 2.61 hm²　设计时间 • 2017.05
建筑面积 • 6.58万 m²　建成时间 • 2019.12

项目为多功能融合的综合性公共文化活动中心，建成后将成为两岸文化交流重地。场地西南滨河景观良好，主入口设置在新宅路和福海路，将各方向的人流引入建筑中心的共享庭院，庭院内种植福州市树——榕树，"榕飞庭"理念寓意海峡两岸融合。建筑外表皮采用干挂石材与玻璃幕墙，构成了强烈的虚实对比。弧形屋盖为四角上扬的凹曲面，设计了镂空窗口减少台风荷载。屋盖呼应当地传统建筑飞檐，完整了第五立面，强调了四水归堂的意境。

内庭院聚合建筑各功能空间，体块"下散上聚"。首层、二层通过五个分散的体块，分别设置图书馆、大报告厅、小报告厅、综合体育馆及科技展厅，三层至五层集中设置青年活动中心、少年培训中心。设计通过室外连廊将零散体块聚合，满足功能的同时，创造了城市的共享空间。

设计总负责人 • 吴 晨　于元伟

项目经理 • 段昌莉

建筑 • 吴 晨　段昌莉　于元伟　王 杰　丁 霓
　　　王新平　黄华峰　张 萌　王 斌　刘晓宾

结构 • 宫贞超

给 水 排 水 • 杨国斌

暖 通 空 调 • 马明星

电气 • 张建功

景观 • 吕文君

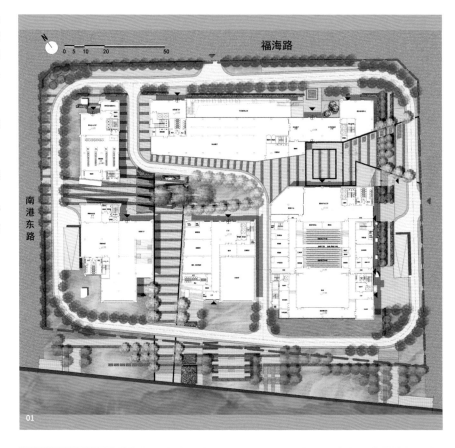

对页 01 总平面图　　　本页 06 西南鸟瞰
　　 02 内庭院　　　　　　 07 南立面
　　 03 西北立面鸟瞰
　　 04 北侧入口
　　 05 东立面细部

08

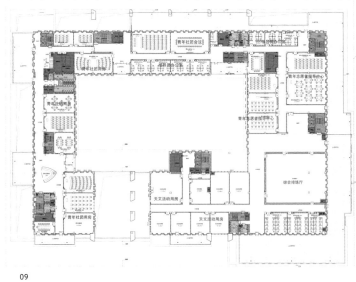

09

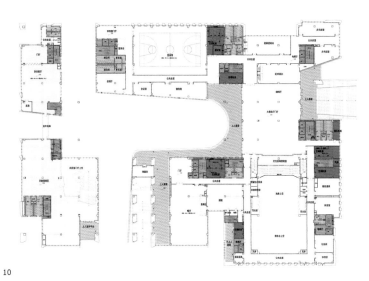

10

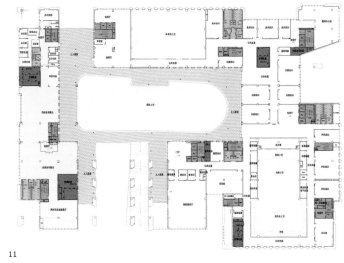

11

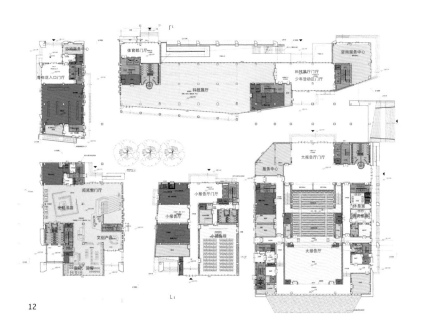

12

本页 08 四层平面图

09 五层平面图

10 二层平面图

11 三层平面图

12 首层平面图

对页 13 南立面入口

14 西侧入口夜景

15 西侧滨河夜景

16 大报告厅

兰州新区人民法院审判法庭

二等奖 • 司法建筑

建设地点 • 甘肃省兰州市
用地面积 • 1.32 hm²
建筑面积 • 3.05万 m²

建筑高度 • 25.8 m
设计时间 • 2016.04
建成时间 • 2019.06

项目位于甘肃省兰州新区行政文化中心片区，为兰州市人民法院审判法庭，涵盖立案、诉讼、司法警务、审判、执行、档案及相关辅助用房等功能。建筑形体上采用黑白两色的体块相结合，寓意法院的执法精神。立面虚实处理及斜向的切割，体现建筑的力量感，亦表达出执法如山的设计理念。外表皮石材取自当地，花纹应对文脉，体现地域特色。院落空间力图探索人性化尺度，表现服务大众的亲民姿态。

用地东、西、南三面临市政路，为对外工作界面，分别设置审判入口、立案诉讼入口、信访执行入口。建筑北侧作为内部界面，设置独立性及私密性较强的羁押入口和后勤入口。审判用房包含1个大法庭、8个中法庭、24个小法庭及若干辅助用房。通过三个透光中庭，与室内休息空间相结合，提供良好的内部办公环境。

设计总负责人 • 李明川
项 目 经 理 • 郑 方
建筑 • 郑 方 李明川 李懿霏 赵锁慧
　　　 万 强 李 骄 赵 波
结构 • 张 莉 高 顺 朱健博
设备 • 赵九旭 吴显坤 张 雷 李春荣
电气 • 李奇英

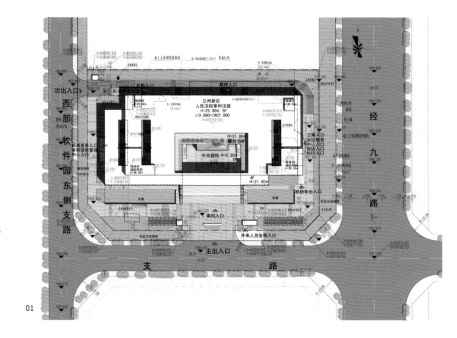

01

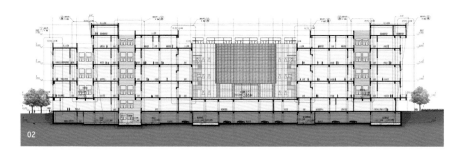

02

03

对页 01 总平面图　　本页 04 正立面
　　 02 剖面图　　　　 05 东南透视
　　 03 鸟瞰实景

04

05

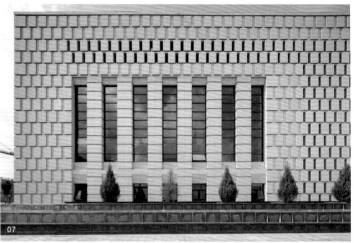

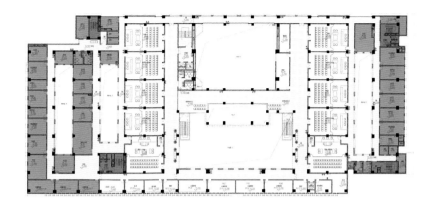

09

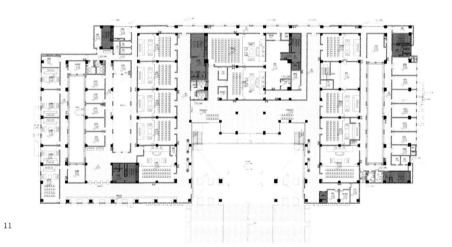

10

11

对页 06 主入口

07 建筑细部

08 内庭院

本页 09 四层平面图

10 三层平面图

11 二层平面图

12 一层平面图

12

北京航空航天大学先进制造和空天材料实验楼（北区实验楼、5号实验楼）

二等奖 • 科研建筑

建设地点 • 北京市海淀区
用地面积 • 1.68 hm²
建筑面积 • 4.69万 m²

建筑高度 • 24 m
设计时间 • 2018.03
建成时间 • 2019.11

项目由两栋实验楼组成，为先进制造和空天材料实验楼（即北区实验楼和5号实验楼）。建筑位于校园历史风貌街区内，街区整体建筑尺度较小，建筑在满足实验工艺的尺度及层高要求下，与历史建筑融为一体，与校园整体风格协调统一。用地北侧邻北四环路，西北角是校区的北校门。总平面将两栋建筑进行一体化设计。交通流线满足实验室和交流参观人流需求，也需满足实验室的洁污货运需求，实验室人流由建筑主入口进入。地下部分整体开发，中部设下沉室内中庭，成为建筑核心。地下为实验室、库房和设备用房，地上为实验室、办公室、会议室和研究用房等。

设计总负责人 • 叶依谦　陈震宇　高雁方
项 目 经 理 • 叶依谦
建筑 • 叶依谦　陈震宇　高雁方　陈禹豪
结构 • 杨 勇　丁博伦　钱凤霞
设备 • 祁 峰　张 成　李雨婷　郭歆雪
电气 • 宋立立　贾路阳　贾 哲
经济 • 靳 晨

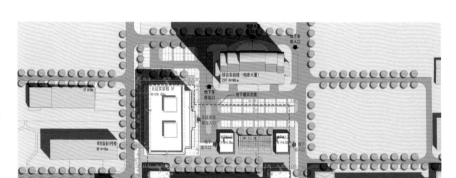

01

02

03

04

对页 01 总平面图　　　　　本页 05 5号实验楼西南面全景
　　 02 5号实验楼东南面全景　　　 06～07 5号实验楼主入口细部
　　 03 5号实验楼次入口
　　 04 5号实验楼主入口

对页 08 5号实验楼北面全景
     09 庭院全景

对页 10 地下中庭室内
     11 标准层平面图
     12 地下一层平面图
     13 首层平面图

11

12

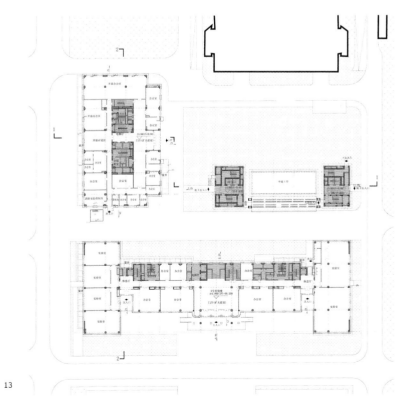

13

三联韬奋书店三里屯店

一等奖 • 建筑改造

建设地点 • 北京市朝阳区
建筑面积 • 700 m²
建筑高度 • 5.8 m

设计时间 • 2018.03
建成时间 • 2018.04

三联韬奋书店三里屯店，是提升三里屯的整治计划中的一个项目，为 24 小时书店。原建筑建于 20 世纪 70 年代，本次改造外立面以"谁为城市的午夜留一盏灯火"为理念，立面由韵律化的微展箱、灯笼和落地窗构成，灯火从各类孔洞中透射出来，为行人带来温暖。

平面改造中地面下挖 0.7 米，加大了室内净高，为二层的书架系统创造了 2.2 米的层高条件。二层马道采用无穷大符号"∞"塑形，结合读者的行走路径设置书架，形成有趣的空间体验。书架层板高度与书籍充分契合，结合马道的设计，最大化地利用了空间，有效地提升了藏书量。阅读区、讲堂区、咖啡区等不同场所通过书架分隔。书店以空间为依托开展中外书友文化活动，丰富了北京的惠民文化活动。

设计总负责人 • 米俊仁
项 目 经 理 • 龚耘
建筑 • 米俊仁 龚耘 张昊 王小用
　　　梁曼青 聂向东 林华
结构 • 刘立杰
设备 • 李隽 翁思娟 马珊珊 吴翠翠
电气 • 孙超 王娟 毕雅冲

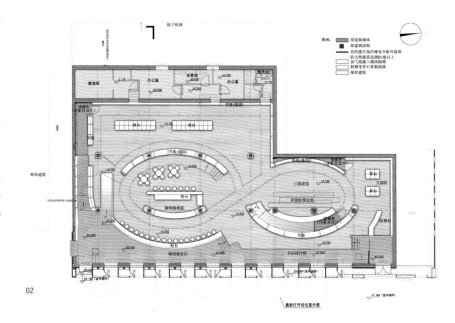

02

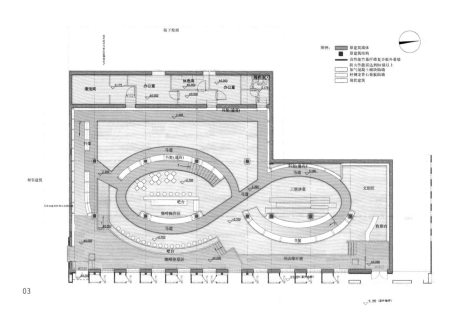

03

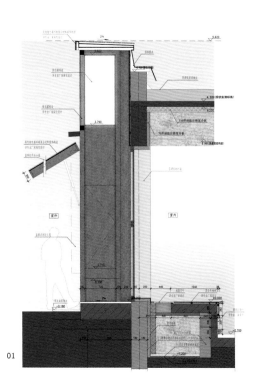

01

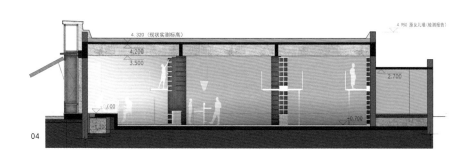

04

对页 01 墙身详图　　　　本页 05 沿街立面透视

　　　02 平面图　　　　　　　 06 沿街正立面

　　　03 书架马道平面图　　　 07 主入口

　　　04 剖面图

对页 08 主入口区域

本页 09 书店室内一角

　　 10 书店活动

　　 11 书架马道上视角

　　 12 咖啡阅读区

中船系统院翠微科研办公区改造

一等奖 • 建筑改造

建设地点 • 北京市海淀区
用地面积 • 0.67 hm²
建筑面积 • 1.35 万 m²

建筑高度 • 31.58 m
设计时间 • 2013.05
建成时间 • 2019.03

项目为中国船舶工业系统工程研究院（简称"中船系统院"）的总部科研办公建筑，功能定位为研究基地，主要承担总部管理、战略规划、会议交流等功能。办公区分为科研主楼及配楼，呈横"T"字形布局。立面采用石材与玻璃幕墙匀质肌理，造型整体性强，注重光影效果。改造后，外部形象焕然一新，符合现代科研办公建筑的特征，呈现出庄重大方的气质。

办公区始建于 20 世纪 80 年代，本次改造更新场地内绿化、铺装，增设过街通道，完善消防设计；保留科研主楼及配楼主体结构，对楼电梯交通核进行改造，使其满足功能和消防需求；拆除重建主楼裙房和多功能厅，地下局部新建设备用房。内部改造重新整合了使用功能，提升了空间的品质。外立面重新设计，新的外墙系统和新的机电系统能够大大改善室内热工、采光通风、舒适性。

设计总负责人 • 叶依谦 从 振
项 目 经 理 • 叶依谦
建筑 • 叶依谦 从 振 周 云 贾文夫
结构 • 卢清刚 詹延杰
设备 • 郭 文 潘 硕 陈佳宁 李 曼 李 宁
电气 • 刘 青 赵 鑫 吴传中
经济 • 李 振

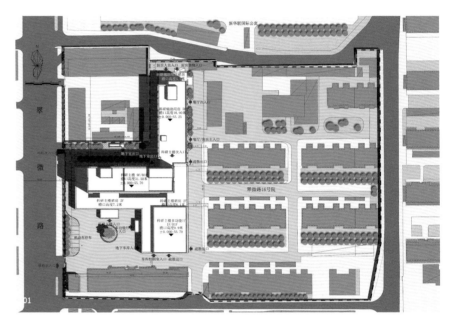

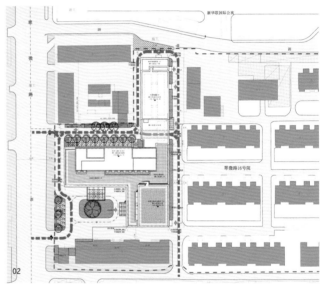

场地环境改造分析

满足功能需求，提升环境品质，恢复过街楼，增设消防环路，以满足消防要求

■ ■ ■ ■ 消防环路
　　　　过街通道

对页 01 总平面图　　本页 05 沿西南人视

02 改造分析图　　　06 南向人视

03 西南街景　　　　07 西向夜景人视

04 南向鸟瞰

本页 08～09 科研主楼大堂　　　对页 14 二层平面图（改造后）

　　　 10～11 会议室　　　　　　　　 15 标准层平面图（改造后）

　　　　　 12 庭院　　　　　　　　　 16 地下一层平面图（改造后）

　　　　　 13 食堂　　　　　　　　　 17 首层平面图（改造后）

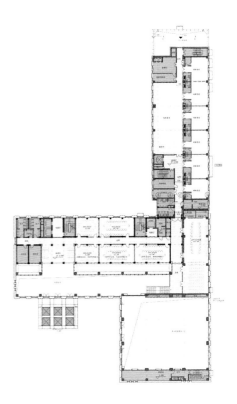

14

15

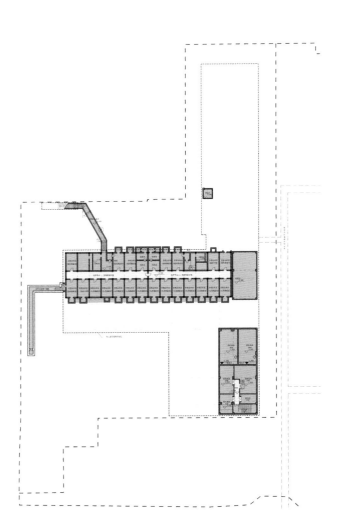

16

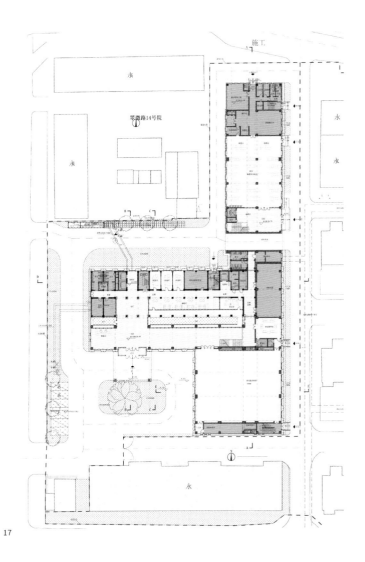

17

钓鱼台国宾馆六号楼综合改造

二等奖 • 建筑改造

建设地点 • 北京市西城区
用地面积 • 0.77 hm²
改造面积 • 0.58 万 m²

建筑高度 • 11.88 m
设计时间 • 2017.09
建成时间 • 2019.06

项目位于钓鱼台国宾馆用地范围内，是以政务接待为主、对外经营为辅的接待中心，原建筑建于 20 世纪 50 年代，为砖混结构。本次综合改造，对结构主体进行抗震加固，并随功能变化进行调整。外立面改造扩大局部门窗洞口，增加了景观视野；采用幕墙构造做法，使实体砖饰面产生了凹凸变化，结合室外照明，建筑造型立体感强；选用米黄色砖、铝制板挑檐、木纹转印窗框，增加了建筑亲和力，呼应原有风貌。平面改造调整了建筑布局，局部扩建 600 平方米。北楼南侧增加长租接待专用入口，厨房东扩以满足卫生和使用需求，二层扩建部分长租接待用房。室内设计引入玉兰母题，融入景泰蓝等传统设计元素，精细刻画，打造具有融合气质的新中式风格，以满足国宾使用需求，彰显国宾馆气质。

设计总负责人 • 马泷 吴懿
项目经理 • 谭雪
建筑 • 吴懿 杨柳青 李艺
室内 • 张晋 邹乐 孙艺辰
结构 • 范强 郭晨喜 常坚伟
设备 • 张铁辉 牛满坡 艾梦雯
电气 • 郭芳 何一达

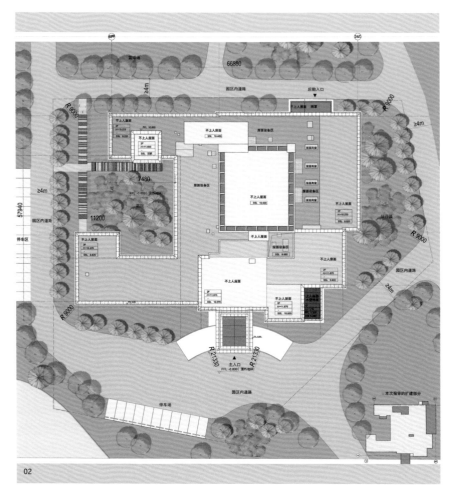

02

01

03

对页 01 南立面远景　　本页 04 主入口正立面
　　　02 总平面图　　　　　　05 改造策略
　　　03 南立面局部　　　　　 06 主入口门头

04

加宽窗洞口

新增混凝土过梁

新增混凝土抱框

降低窗台

05　　　　　　　　　　　　窗洞原状示意-室外　　　　　　窗洞改造示意-室外

06

07

本页 07 改造后内院　　　对页 10 改造墙身大样图

08 建筑细部　　　　　　　11 改造后剖面图

09 内院连廊

08

09

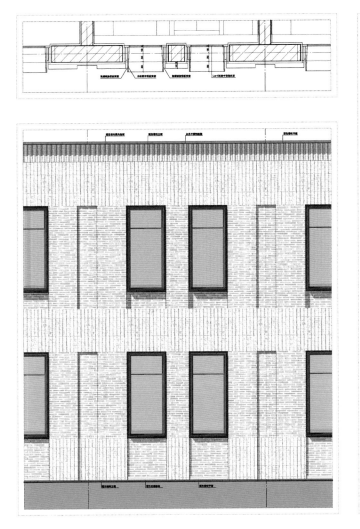

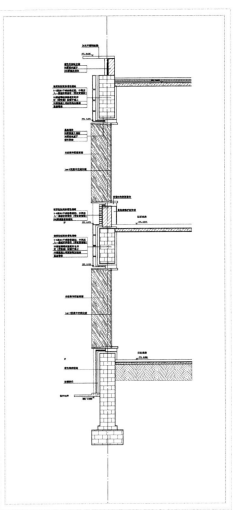

10

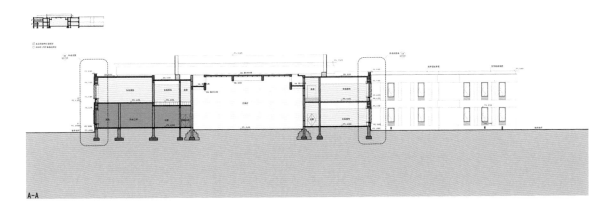

A-A

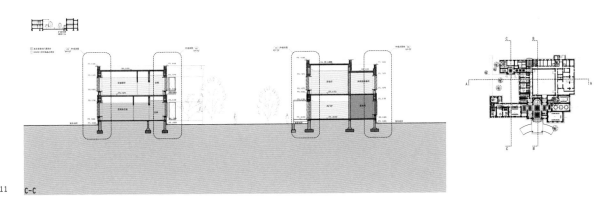

11 C-C

12

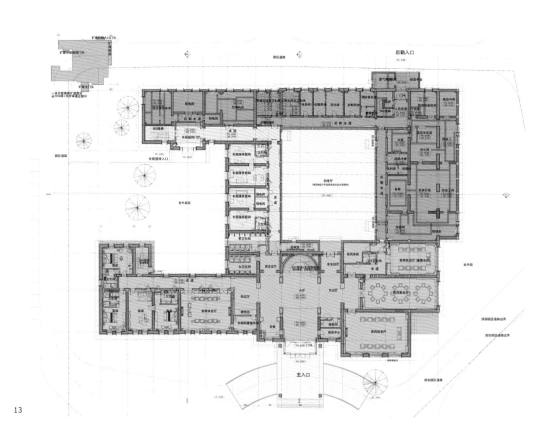

13

14

对页 12 室内门厅改造后

　　13 改造后首层平面图

本页 14 大宴会厅改造后

　　15 改造后二层平面图

高碑店列车新城项目一期
（低层多层部分）

一等奖 • 居住建筑 建设地点 • 河北省保定市 建筑高度 • 27.77 m

专项奖 • 暖通空调 用地面积 • 13.46 hm² 设计时间 • 2017.01

绿色建筑 建筑面积 • 8.2万 m² 建成时间 • 2019.08

项目为国内建设规模最大的被动式超低能耗居住小区，已获得德国被动房研究所 PHI 认证。用地北侧为国家智慧建筑示范公园，南侧为居住区。低层建筑横向排列，多层建筑居中布局，形成错落的规划形态和城市天际线，中部设采光、通风、绿色的景观通廊。社区内实现人车分流。低、多层外立面为新中式建筑风格，局部采用干挂石材，主要采用真石漆以及质感涂料。外立面线脚变化丰富，细节控制到位。

项目采用了一系列的被动式超低能耗技术，如：除霾新风热回收一体机，不同的隔热保温系统，被动式门窗；所有的穿墙管道、管线通过节点设计，规避了冷热桥、保证了防水气密性。项目通过建筑师为核心的一体化、集成化设计协同，实现建筑产品的全生命周期控制；获得绿色建筑三星级认证，是超低能耗建筑示范项目。

设计总负责人 • 吴 凡 席宏伟

项 目 经 理 • 吴 凡

建筑 • 徐全胜 吴 凡 席宏伟 李庆双
　　　 陈大鹏 秦 超 马志华

结构 • 张 晧 秦 乐 宋立军 张 偲

设备 • 张 辉 俞振乾

电气 • 罗继军 朱明春

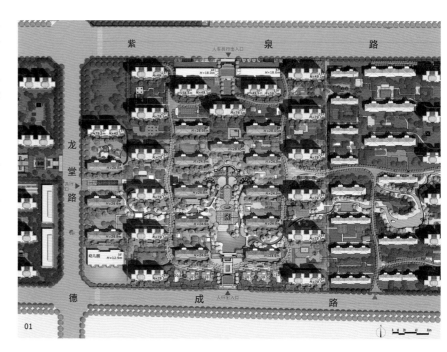

01

02

03

对页 01 总平面图　　　本页 04 鸟瞰图
　　 02 内庭院南立面　　　 05 内庭院西立面
　　 03 外部南立面

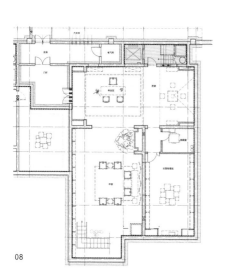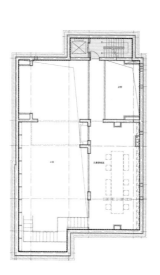

08

11

12

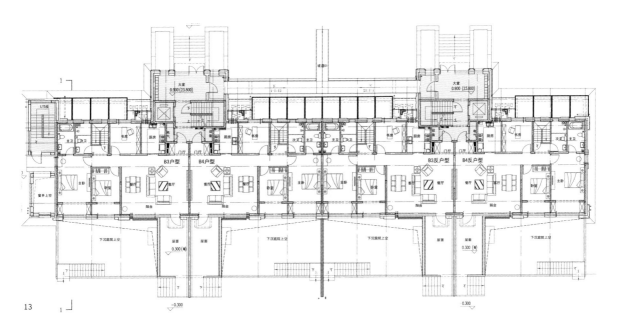

13

对页 06 低层住宅西北立面图

07 低层住宅入口细部

08 低层住宅平面图

09 小区南入口室内

10 庭院夜景

本页 11 多层住宅南立面

12 多层住宅北立面细部

13 多层住宅标准层平面图

14 多层住宅室内

14

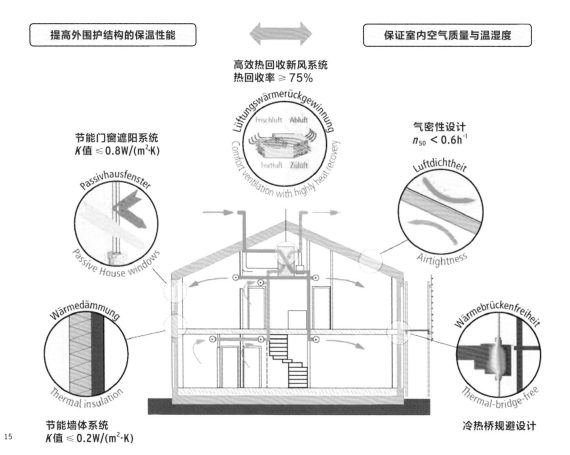

本页 15 被动式超低能耗五大技术　　　对页 17 外墙保温样板　　　20 保温连续性施工节点　　　23 气密性节点施工样板
　　　　16 气密性范围　　　　　　　　　　　　18 外窗　　　　　　　　　　21 外墙保温节点图　　　　　24 新风一体机
　　　　　　　　　　　　　　　　　　　　　　　19 外窗遮阳　　　　　　　　22 保温连续性节点图　　　　25 暖通平面图

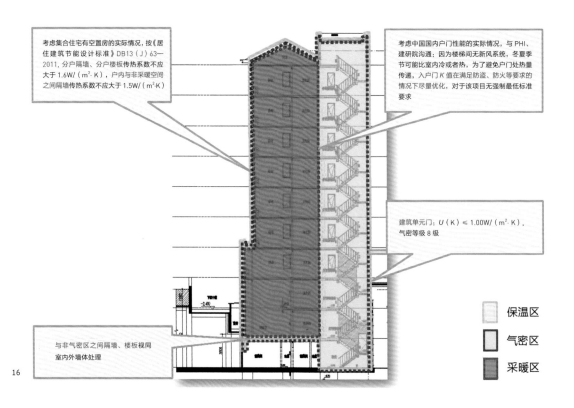

17

18

19

20

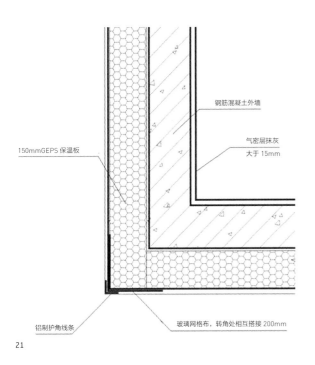

钢筋混凝土外墙

气密层抹灰
大于 15mm

150mmGEPS 保温板

铝制护角线条

玻璃网格布，转角处相互搭接 200mm

21

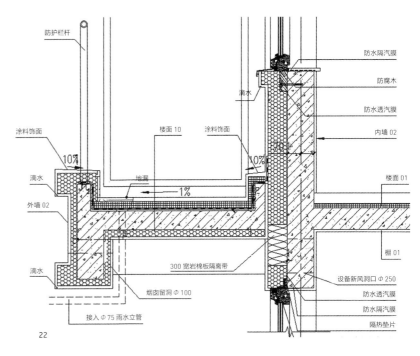

防护栏杆

防水隔汽膜

防腐木

防水透汽膜

内墙 02

滴水

涂料饰面

楼面 10

涂料饰面

10%

10%

地漏

1%

楼面 01

外墙 02

滴水

棚 01

滴水

300 宽岩棉板隔离带

设备新风洞口 Φ 250

防水透汽膜

防水隔汽膜

隔热垫片

烟囱留洞 Φ 100

接入 Φ 75 雨水立管

22

23

24

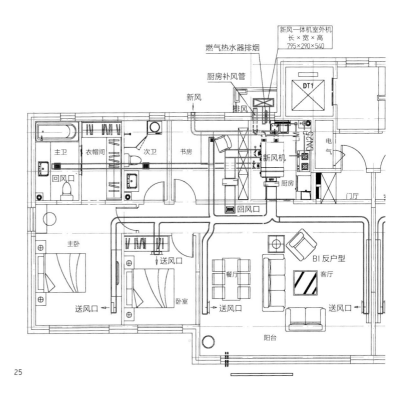

新风一体机室外机
长×宽×高
795×290×540

燃气热水器排烟

厨房补风管

新风

排风

新风机

DT1

厨房

电气

门厅

回风口

主卫

衣帽间

次卫

书房

回风口

主卧

送风口

卧室

送风口

餐厅

送风口

B1 反户型

客厅

送风口

阳台

25

天恒摩墅

二等奖 • 居住建筑

建设地点 • 北京市房山区　　　建筑高度 • 17.25 m
用地面积 • 6.71 hm²　　　　　设计时间 • 2016.06
建筑面积 • 13.69 万 m²　　　　建成时间 • 2019.06

项目是房山周口店镇第一个商品房住区，距北京市中心 47.4 公里，定位为适合度假、疗养的第二居所；共 8 个地块，3 个为住宅用地。中间为中央公园，西南为商业用地，西侧为小学、幼儿园用地。其中 A 地块为限价商品房，户型面积区间为 65 ~ 70 平方米；B、C 地块为普通商品房，在经济和面积双向限值下，户型设计为叠拼户型，面积区间为 140 ~ 150 平方米。户内功能分区明确，流线简洁，B 地块内户型种类尤为丰富。

建筑立面为北美草原式与中式相结合的风格，立面造型结合平面阳台、露台等功能空间，形成了丰富的退台变化。地块内公共设施齐备，环境景观优美。

设计总负责人 • 林爱华
项目经理 • 林爱华
建筑 • 林爱华　金颀　石慧　李小滴　杜岱妮
结构 • 李阳　李文杰　曲原
设备 • 唐强　刘立芳　战国嘉
电气 • 肖旖旎　陈婷

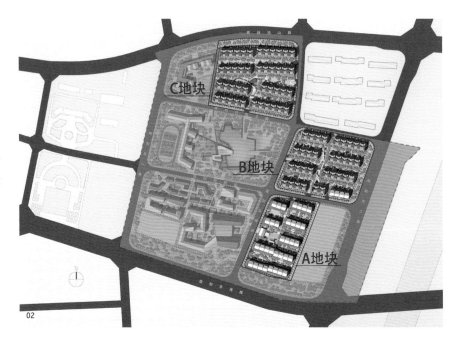

02

03

01

04

对页　　01　全区鸟瞰图　　本页　05　B地块鸟瞰图
　　　　02　总平面图　　　　　　06　B地块大门
03 ~ 04　小区环境　　　　　　　07　公共活动场地

本页 08～10 建筑立面　对页 11 A 地块首层平面图　　14 B 地块标准层单元平面图

　　　　　　　　　　　　　　　　12 A 地块标准层单元平面图　　15 C 地块首层平面图

　　　　　　　　　　　　　　　　13 B 地块首层平面图　　　　　16 C 地块标准层单元平面图

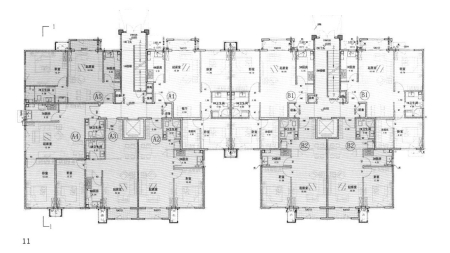

11

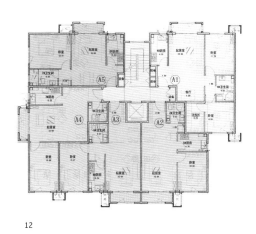

12

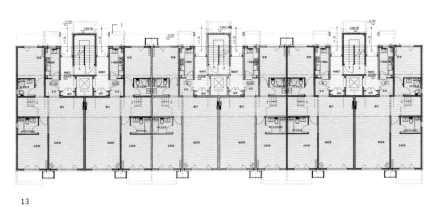

13

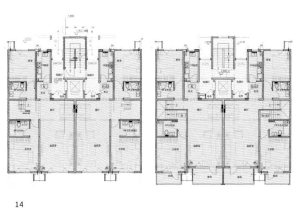

14

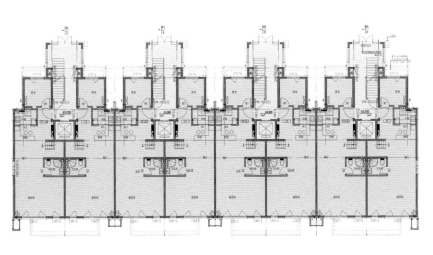

15

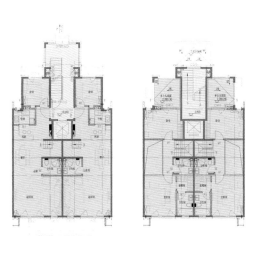

16

石景山八角南里综合改造

二等奖 • 居住建筑

建设地点 • 北京市石景山区　　建筑高度 • 58.3m
用地面积 • 8.5hm²　　　　　　设计时间 • 2018.04
建筑面积 • 16.56万m²　　　　建成时间 • 2019.12

本项目为"老旧小区"改造项目，改造范围为"住宅改造""社区服务中心专项改造"和"小区公共活动区域及停车设施改造"。（1）"住宅改造"——以节能立面综合改造为主，是在外墙、屋面等增加外保温的同时，对外立面进行更换外窗、空调规整、外立面刷新见新等；高层住宅楼延续已改建筑立面涂料颜色，统一规划空调室外机位，安装铝合金圆孔板空调挡板。（2）"社区服务中心专项改造"——包括楼内上下水改造、首层增设无障碍设施。（3）"小区公共活动区域及停车设施改造"——在中心绿地中设置了总长750米环形健身步道，普及健康生活的理念；拆除原有景观挡墙，营造开放共享的活动空间；丰富植物层次，增加了景观的透气性；优化了停车系统，在小区空地上新增3层钢结构装配式停车楼。

设计总负责人 • 林爱华
项目经理 • 林爱华
建筑 • 林爱华　杜岱妮　李小滴
　　　石慧　李超
设备 • 黄涛　祝明睿
电气 • 王晖

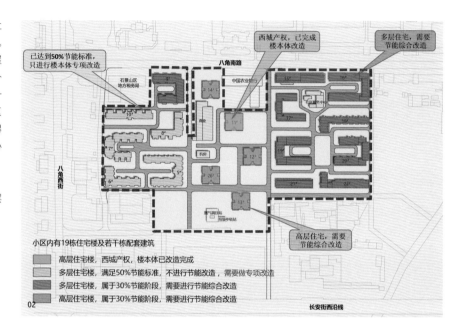

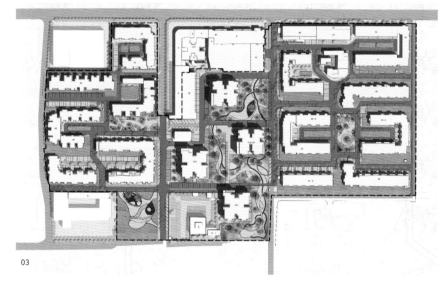

对页 01 多层住宅外部　　本页 05 高层住宅沿街面
　　02 环境关系图　　　　　　06 高层住宅与社区配套商业
　　03 总平面图　　　　　　　07 停车楼外部
　　04 多层住宅外部

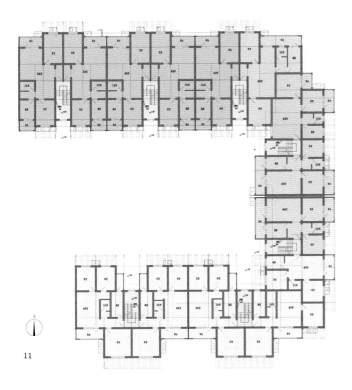

13

14

11

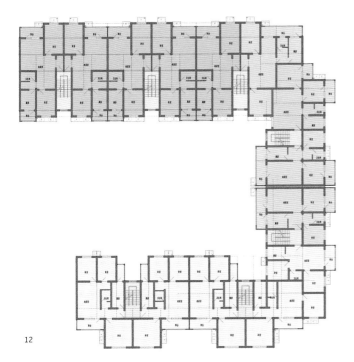

12

15

对页 08～09 公共活动场地

　　　10 高层住宅外部

本页 11 9#楼首层平面图

　　12 9#楼标准层平面图

　　13 12#楼首层平面图

　　14 12#楼标准层平面图

　　15 12#楼剖面图

北京市西城区西长安街街区更新城市设计

一等奖 · 城市规划

建 设 地 点 · 北京市西城区　　编制时间 · 2018.01
规划用地面积 · 424.00hm²　　批复时间 · 2019.12
规划建筑面积 · 390.50万 m²

项目覆盖西长安街街道约 4.24 平方公里范围，北至西安门大街，西至西单北大街一宣武门内大街，东至筒子河一广场西侧路，南至前三门大街。主要规划任务为"编制街道核心区控规"，即"明确街道发展定位、发展规模与主导功能，明确历史资源保护利用、三大设施安排与城市设计指引，形成指导规划实施的法定依据"。街区更新设计原则为：以"大分区、小混合"为理念，从功能区出发，开展街区划分、街区诊断、整体设计等工作。集中体现"国家""皇家""人家"三大特点。重点聚焦"人家"，构建"家园生活带"串联划分形成的三大宜居街区，集中布置公共空间、服务设施等，实现规划引领落地实施。

设计单位在本街道担当街区更新城市设计、控规编制、责任规划师"三位一体"的角色，承担"持续推进街区更新，逐年指导项目库内具体项目实施落地；开展街区更新与控规草案宣讲，传达规划精神、普及规划理念、解读规划成果"等任务。

设计总负责人 · 吴　晨　郑　天
项 目 经 理 · 吴　晨
建筑 · 吴　晨　郑　天　周春雪　刘立强
　　　 姚明曦　管朝阳　袁兴帅
规划 · 吕　玥　李　婧　魏梦冉　杨　婵
　　　 李文博　李　想　马振猛　肖　静

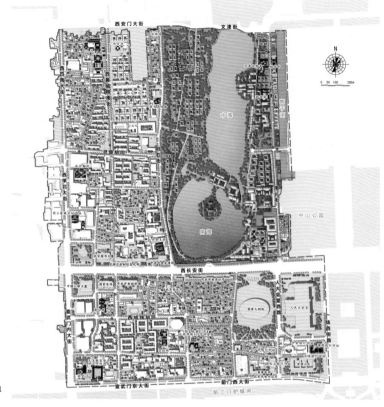

01

02

03

对页 01 总平面图　　本页 04 街区划分图

02 区域位置图　　　　05 规划结构图

03 环境关系图　　　　06 中南海周边效果图

　　　　　　　　　　 07 南北长街街道效果图

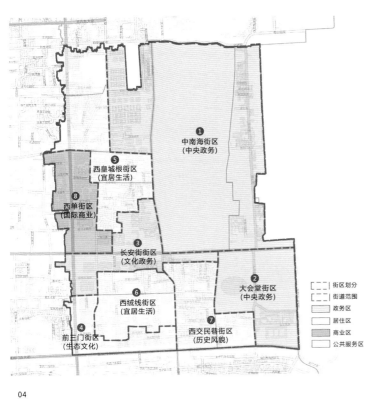

04

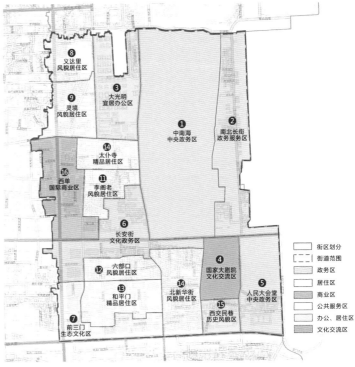

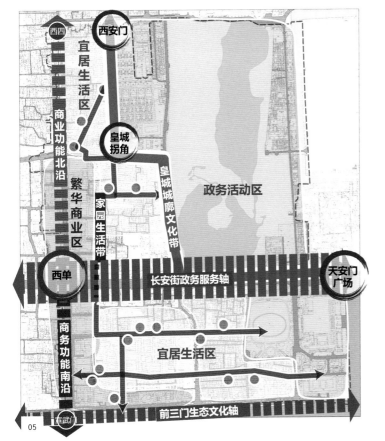

05

06

07

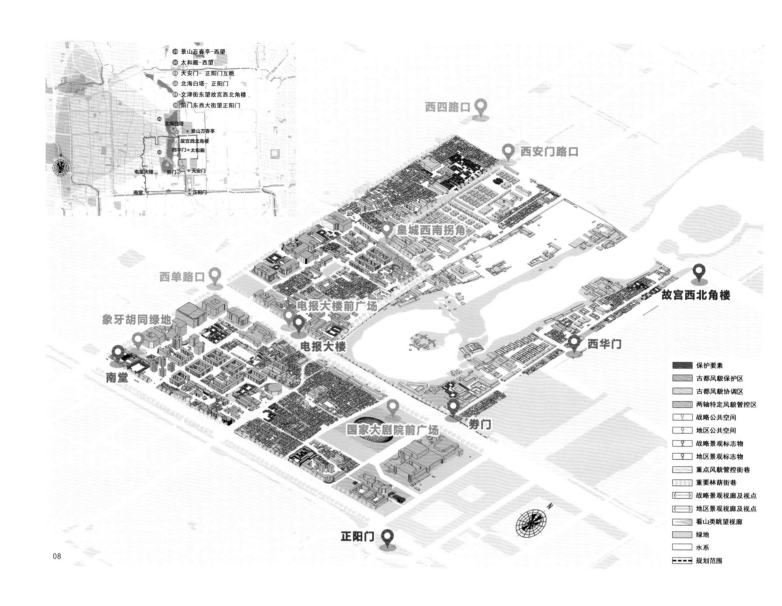

西四路口

西安门路口

皇城西南拐角

西单路口

象牙胡同绿地

电报大楼前广场

故宫西北角楼

南堂

电报大楼

西华门

国家大剧院前广场

阙门

正阳门

㉙ 景山万春亭-西望
㉚ 太和殿-西望
㉛ 天安门- 正阳门互眺
㉜ 北海白塔- 正阳门
㉝ 文津街东望故宫西北角楼
㉞ 前门东西大街望正阳门

北海白塔
景山万春亭
故宫西北角楼
西华门•太和殿
电报大楼 阙门 •天安门
南堂
正阳门

■	保护要素
	古都风貌保护区
	古都风貌协调区
	两轴特定风貌管控区
	战略公共空间
	地区公共空间
	战略景观标志物
	地区景观标志物
	重点风貌管控街巷
	重要林荫街巷
	战略景观视廊及视点
	地区景观视廊及视点
	看山类眺望视廊
	绿地
	水系
	规划范围

08

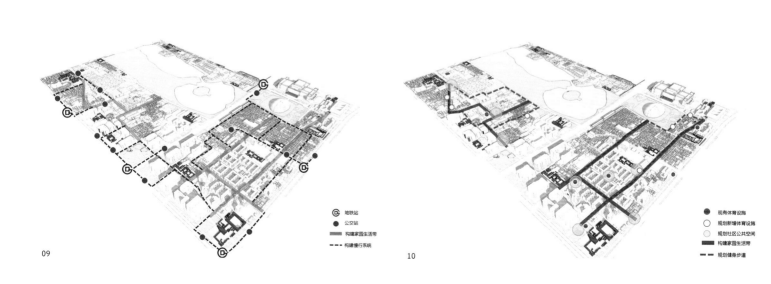

09

地铁站
公交站
构建家园生活带
构建慢行系统

10

现有体育设施
规划新增体育设施
规划社区公共空间
构建家园生活带
规划健身步道

公共服务设施和公共停车场提质完善
结合更新改造机遇，安排医疗、养老、体育等基层公共服务设施和公共停车场。

文物腾退、修缮、合理利用
腾退不合理利用文物，修缮文物保护单位，引入街道博物馆等基层公共服务设施。

产业提升
优化提升市级西单商业区，促进从以购物为主导向以消费者体验为主导转变，实现综合服务水平的提升。

老旧小区整治
推进菜单式整治，根据需求和特点开展加装电梯、适老化改造等工作，重点补充居家为老服务床位等，加强停车治理和小区环境整治。

绿地建设和公共空间塑造
营造西单"城市森林"等特色公共空间，建设绿地广场。

林荫道建设
建设宣武门东大街、前门西大街、西黄城根南街等林荫大道，形成连续、宜人的健步悦骑环境。

平房区改善
开展申请式退租、保护性修缮、恢复性修建。

序号	项目分类	具体内容
1	历史街区腾退	南北长街历史街区整体腾退（含文物腾退）
2	平房区改善	石碑胡同历史街区平房院更新
3	完善配套	府右街宾馆新建太仆寺社区养老服务驿站
4		新建太仆寺街菜站
5		新建象牙胡同北口居民健身场地
6		新建社区综合服务中心
7		新建钟声社区菜站
8		新建长安幼儿园（和平门分园）
9	街巷环境综合治理	太仆寺街
10		北新华街
11		东中胡同
12		前细瓦厂胡同
13		义达里胡同
14		西单北大街
15	林荫道建设	宣武门东大街-前门西大街
16	留白增绿公共空间塑造	西单口袋公园
17		西单城市森林
18		国立蒙藏学校周边
19	老旧小区综合整治	和平小区
20		太仆寺街33号院
21		灵境小区
22	产业提升	西单商场

—— 规划范围
□ 老旧小区整治区域
□ 平房区整治区域
□ 重要文化设施
■ 商业服务设施
■ 文物保护单位
□ 各类保护更新示例
□ 林荫道

11

对页 08 城市设计总体引导示意图
     09 城市设计构建慢行系统示意图
     10 城市设计构建公共活动空间示意图

本页 11 街区更新项目库示意
     12 城市设计补增公共服务设施示意图

下一跨页 13 政务服务规划图
        14 文化传承规划图
        15 和谐宜居规划图
        16 石碑胡同历史街区更新
        17 改造前后对比照片

12

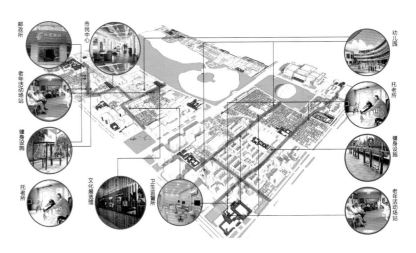

突出政治中心的服务保障：营造安全、整洁、有序的政务环境

13

加强老城整体保护：彰显独一无二的壮美空间秩序

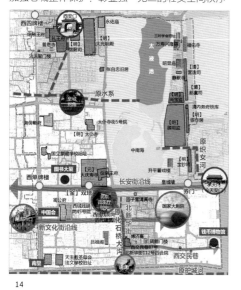

14

着力改善民生：建设人居环境一流、和谐宜居的美丽家园

15

小微绿地更新——西单口袋公园

改造前

改造后

和平门老旧小区综合治理——中心活动广场

太仆寺街环境综合治理——33号院南侧

改造前

改造后

北京大兴国际机场控制性详细规划及城市设计

一等奖 · 城市规划

建 设 地 点 · 北京市大兴区
　　　　　　　河北省廊坊市
规划用地面积 · 2698.1 hm²
规划建筑面积 · 870.53 万 m²

编制时间 · 2016.03
批复时间 · 2019.08

项目位于北京市大兴区与河北省廊坊市广阳区交界区域，是实现京津冀区域一体化融合发展的重要工程实践。规划用地面积：综合功能区 760.86 公顷（包括北工作区、货运区、机务维修区），航站区 84.01 公顷，飞行区 1853.23 公顷。规划成果将民航行业标准和城市规划要求相结合，将北京市与河北省城市规划要求相结合，成为规范机场用地建设的指导性文件。

（1）规划原则：建设"智慧城市""森林城市""海绵城市"。
（2）规划理念：积极创新，将用地功能从单一性向混合性转变，建设小尺度混合、开放街区；提出高密度路网和公交优先的交通策略；空间一体化设计与开发，有利于优化配置各类城市资源，降低开发成本。（3）规划特点：分析北京传统合院特点，采用灵活多变的建筑组合形式，形成开放、和谐的合院式空间；第五立面的整体营造策略与中央景观带的线性形态特征高度契合。

设计总负责人 · 邵韦平　刘宇光
项 目 经 理 · 刘宇光
建筑 · 邵韦平　刘宇光　吕娟　蔡明
　　　　李家琪　石璐　张碧

02

03

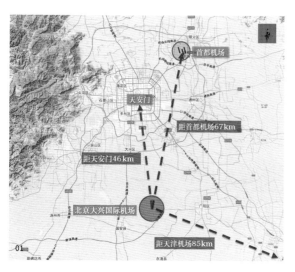

01

04

对页 01 区位及周边关系图　本页 05 南航西南人视

02 鸟瞰效果图　　　　　　 06 南航东北人视

03 西北鸟瞰效果图　　　　 07 信息指挥中心西北鸟瞰

04 南航东南鸟瞰　　　　　 08 行政综合业务用房东南人视

对页 09 东航东北人视

     10 东航西南人视

     11 东航南立面夜景

     12 地下空间剖视图

本页 13 土地使用功能规划图

     14 公共服务设施规划图

     15 绿地系统规划图

     16 道路交通规划图

     17 整体空间结构规划图

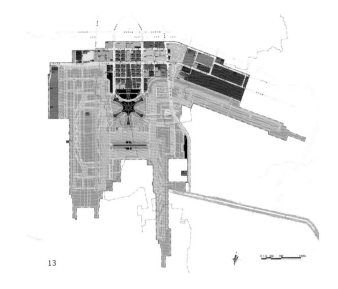

13

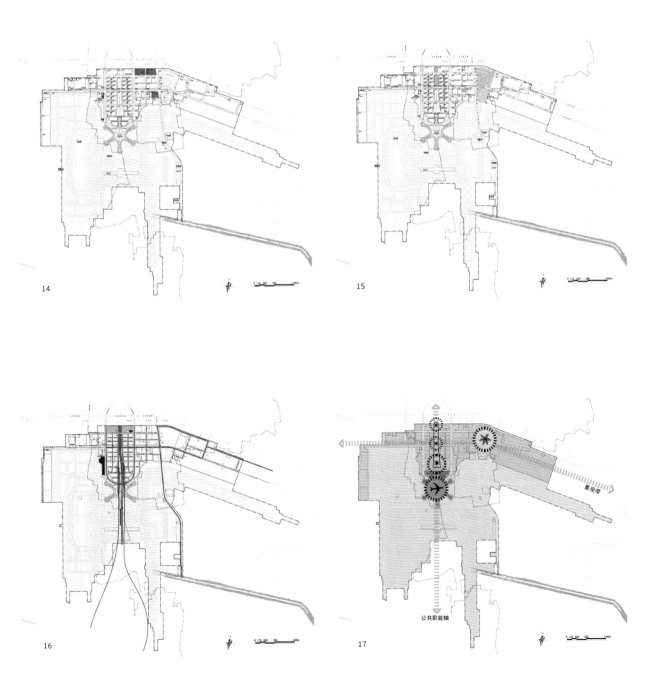

14

15

16

17

丽泽金融商务区规划优化提升

一等奖 • 城市规划

建设地点 • 北京市丰台区
规划用地面积 • 281.00 hm²
规划建筑面积 • 650 万 m²

编制时间 • 2018.07
批复时间 • 2019.12
合作单位 • 波士顿咨询（上海）
有限公司

丽泽金融商务区转变以"资金回笼、建筑、车行"的"三要素"思维模式，强调"以人为本"，提升人的生活和工作品质；同时，更加关注对文化、生态、城市基础设施等资源的科学保护和高效利用。方案依托区域自然、人文、交通优势，关注人的行为和使用需求，规划"一心、三带、多点"的整体空间结构，使城市与生态环境紧密衔接。通过对标全球典型案例、运用大数据统计以及基于空间价值、空间结构、现状限制性条件等因素的分析等方法，提出多种城市设计策略，着力打造"人本城区、紧凑城区、绿色城区、活力城区"。创新综合开发模式，将规划实施与建设落地充分结合，以丽泽先进的规划理念和创新的规划建设模式作为新时代城市建设和发展的引擎，树立未来城市典范。

设计总负责人 • 徐聪艺
项目经理 • 孙小龙
建筑 • 徐聪艺 孙 勃 张 耕 韩梅梅 张 翀
规划 • 孙小龙 刘 璐 张晓萌 康思威 相 枫
李 夏 杨晓倩
景观 • 王立霞 郭晓娟 李程成

对页 01 区域位置图
02 鸟瞰效果图
03 优化前后总平面图及策略
04 金中都南路北侧建筑群
05 首创中心

本页 06 街区图则之基本图则
07 街区图则之公共空间
08 街区图则之地下空间
09 街区图则之生态空间

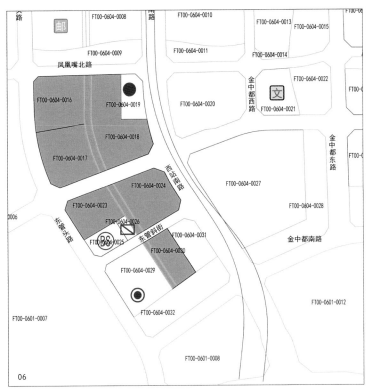

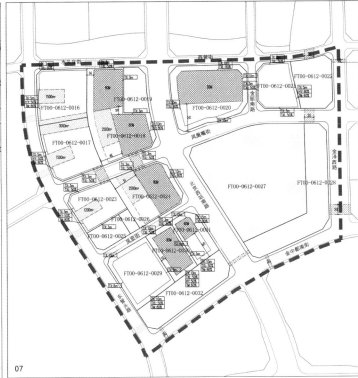

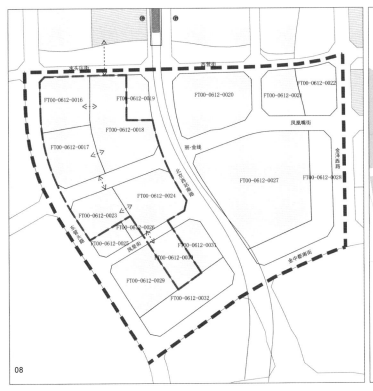

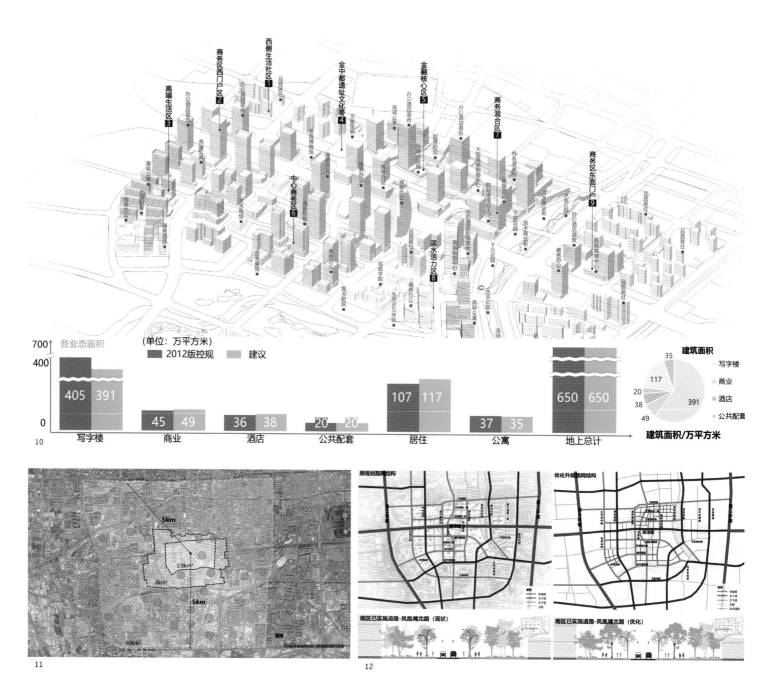

高端生活区 3
商务区西门户区 2
西侧生活社区 1
金中都遗址文化带 4
金融核心区 5
商务混合区 7
商务区东面门户 9
中心商务区 6
滨水活力区 8

各业态面积
（单位：万平方米）
700
400
0
10

2012版控规　　建议

	写字楼	商业	酒店	公共配套	居住	公寓	地上总计
2012版控规	405	45	36	20	107	37	650
建议	391	49	38	20	117	35	650

建筑面积
写字楼
商业
酒店
公共配套

35
117
20
38
49
391

建筑面积/万平方米

11

5km
2.8km²
8km²
5km
60km²

12

原规划路网结构　　优化升级路网结构
南区已实施道路-凤凰嘴北路（现状）　　南区已实施道路-凤凰嘴北路（优化）

本页 10　城市功能比例及布局图　　12　道路交通规划图　　14　年径流总量控制率图
　　　11　职住平衡图　　13　生态慢行体系图

13

14

212

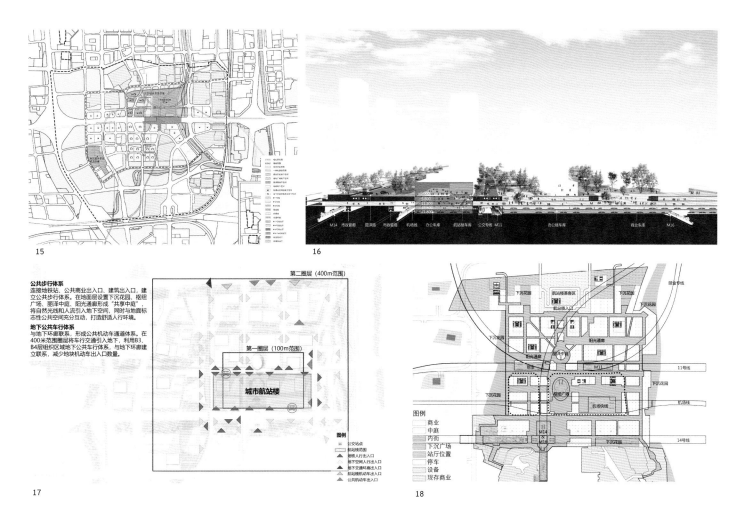

15

16

公共步行体系
连接地铁站、公共商业出入口、建筑出入口，建立公共步行体系。在地面层设置下沉花园、枢纽广场、丽泽中庭、阳光通廊形成"共享中庭"，将自然光线和人流引入地下空间，同时与地面标志性公共空间充分互动，打造舒适人行环境。

地下公共车行体系
与地下环廊联系，形成公共机动车通道体系。在400米范围圈层将车行交通引入地下，利用B3、B4层组织区域地下公共车行体系，与地下环廊建立联系，减少地块机动车出入口数量。

第二圈层（400m范围）

第一圈层（100m范围）

城市航站楼

17

18

本页　15 地下空间规划示意图　　17 交通组织图　　19 建筑高度控制图　　21 城市公共空间莲花河效果图
　　　16 综合开发区域剖面图　　18 轨道一体化区域 B2 层平面图　　20 文化资源保护与利用图

优化升级高度控制图

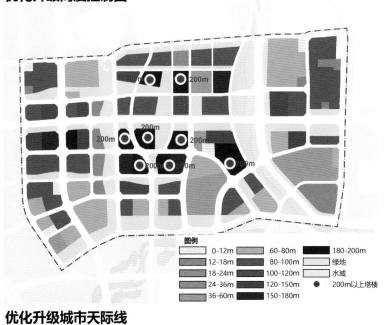

图例
- 0-12m
- 12-18m
- 18-24m
- 24-36m
- 36-60m
- 60-80m
- 80-100m
- 100-120m
- 120-150m
- 150-180m
- 180-200m
- 绿地
- 水域
- ● 200m以上塔楼

优化升级城市天际线

19 由西向东看

20

21

什刹海风景区复兴规划

二等奖 • 城市规划

建设地点 • 北京市西城区
规划用地面积 • 146.7 hm²
规划建筑面积 • 50.00 万 m²

编制时间 • 2017.08
批复时间 • 2020.08

什刹海环湖绿道全长约 6 公里，属于北京市历史文化保护区，毗邻中轴线，隶属北京城内面积最大、风貌保存最完整的一片历史街区。设计以"首都高品质历史文化滨水游憩区"为规划定位，综合考虑了什刹海地区特点，针对"降低人口密度、建筑密度、旅游密度、商业密度"等目标，提出"三环、三区、多门户、多廊道、多节点"的空间规划结构，重塑什刹海新十二景，做好"细化内环、联动中环、展望外环"的工作，营造"活力前海、静谧后海、生态西海"。

项目提出"总体风貌、天际线、第五立面、功能布局、交通组织、环湖绿道、文物保护、景观视廊"等总控原则，同时提出"拓展风貌、空间、交通、环境、设施、夜景、旅游、业态"等管控要素，从"空间、交通、生态、文化、功能、夜景、智慧、节点"等八个方面推进实施。

设计总负责人 • 吴 晨
项目经理 • 郑 天
建筑 • 吴晨 郑天 段昌莉 姚明曦 周春雪
　　　刘晓宾 刘立强 管朝阳 袁兴帅
规划 • 李想 杨婵 李婧
景观 • 吕文君 刘钢 夏村

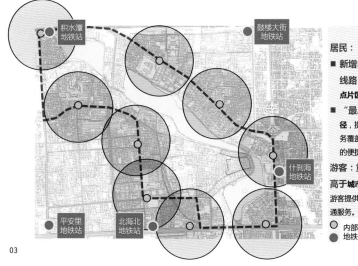

02

—— 城市快速路　　—— 城市次干路　　---- 轨道交通　　◎ 轨道交通换乘站点
—— 城市主干路　　—— 城市支路　　—— 环湖步道　　◎ 轨道交通一般站点

居民：
■ 新增内部公交为循环线路，串联地铁站以及热点片区，顺时针单向组织。
■ "最后一公里"出行途径，提升核心区的公交服务覆盖面，强化公交出行的便捷性。

游客：重点发挥旅游功能，高于城市公交收费标准，为游客提供便捷、舒适的旅游交通服务。

○ 内部公交站点
● 地铁

03

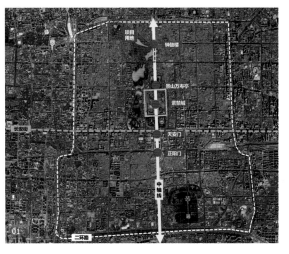

01

二环路

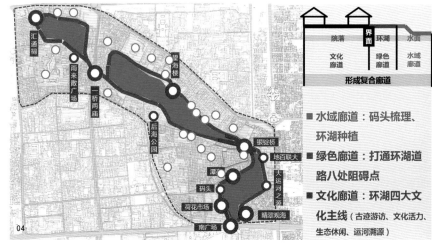

04

形成复合廊道

■ 水域廊道：码头梳理、环湖种植
■ 绿色廊道：打通环湖道路八处阻碍点
■ 文化廊道：环湖四大文化主线（古迹游访、文化活力、生态休闲、运河溯源）

对页 01 区域位置图   本页 05 鸟瞰图
     02 交通规划图   06 功能布局图
     03 环湖内部公交系统规划图   07 前海功能分析图
     04 环湖复合廊道分析图   08 前海全景图

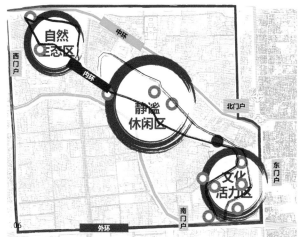

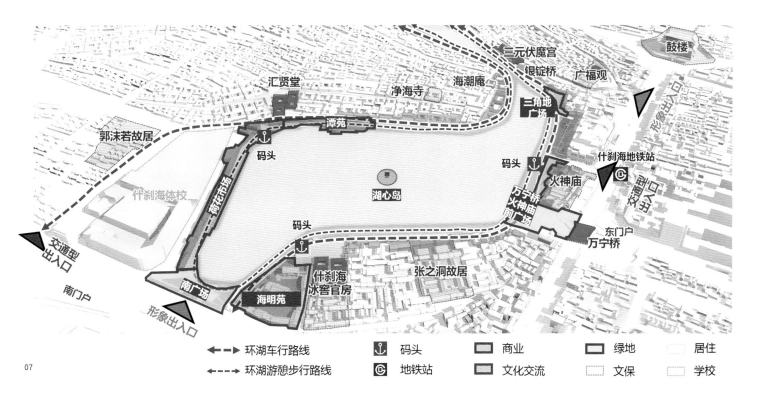

环湖车行路线   ⚓ 码头   商业   绿地   居住

环湖游憩步行路线   Ⓒ 地铁站   文化交流   文保   学校

东华门街道故宫王府井片区设计
——南北池子大街街道空间提升规划

二等奖 · 城市规划

建 设 地 点 · 北京市东城区
规划用地面积 · 17.00 hm²
规划建筑面积 · 0.97 万 m²

编制时间 · 2017.02
批复时间 · 2017.12

南北池子大街紧邻故宫和天安门，南起长安街，北至五四大街，全长 1.7 公里，是北京老城核心区内的重要街道之一。基于城市复兴理念统筹考虑片区未来发展，以"政务＋文化"为首要定位，在《南北池子大街街道城市设计导则》指引下，以人行空间、街道界面为切入点，以"减法为主、整合设计，以人为本、分类控制"为设计原则，形成"一种基调、三大节点、多文化点"的空间结构，形成"七大亮点"。

创新工作方法包括：在《南北池子大街街道城市设计导则》中形成 4 大类 34 项引导要素，通过"平面落位、设计原则、设计要点"等方面进行引导与管控；在项目实施上利用拆违腾退出来的房屋，改造成试点公共厨房，推动街区更新，树立北京市、东城区典型示范。

设计总负责人 · 郑 天
项 目 经 理 · 吴 晨
建筑 · 吴 晨 郑 天 段昌莉 刘立强 刘晓宾
　　　 管朝阳 姚明曦 周春雪 袁兴帅
规划 · 吕 玥 李 婧 杨 婵 马振猛 杨 蕾
景观 · 吕文君

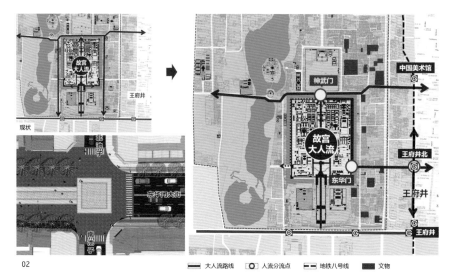

现状

大人流路线　　人流分流点　　地铁八号线　　文物

02

一级节点(路口)　　二级节点(红墙文保的单位)　　三级节点(重要胡同口)　　四级节点(特色历史建筑)　　连续灰墙底景

连续灰墙界面基调　　　　东华门节点　　　　劳动人民文化宫东门

03

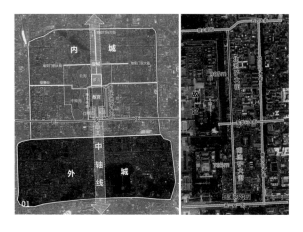

01

04

需疏解业态　　基础商业类　　社区服务类　　社区医疗类　　文体设施类　　教育设施类　　公厕　　金融邮电类　　停车场

对页 01 区位图　　　　本页 05 ～ 06 鸟瞰效果图
　　　02 人流规划设计图　　　　07 遗产规划设计图
　　　03 节点规划设计图　　　　08 凝和庙及周边公共空间更新后实景
　　　04 功能规划设计图　　　　09 北池子 23 号（普查登记在册文物）修缮前后

05

06

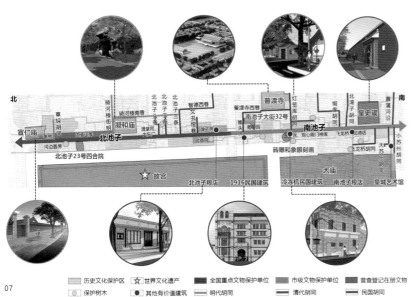

07

08

09

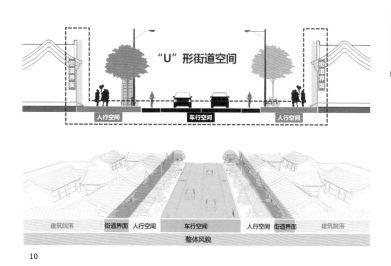

"U"形街道空间

街道界面　人行空间　车行空间　人行空间　街道界面

建筑院落　街道界面　人行空间　车行空间　人行空间　街道界面　建筑院落

整体风貌

10

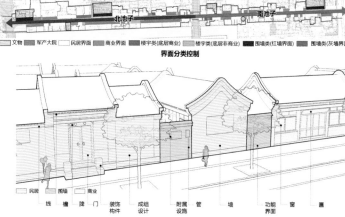

北　北池子　南池子　南

文物　军产大院　民居界面　商业界面　楼宇类(底层商业)　楼宇类(底层非商业)　围墙类(红墙界面)　围墙类(灰墙界面)

界面分类控制

民居　围墙　商业

线　檐　牌门　装饰构件　成组设计　附属设施　管　墙　功能界面　窗　匾

11

完善街道设施

无障碍设施　公共标识　电话亭　隔离护栏　市政箱体　自行停车　市政井盖
果皮箱　智能灯杆　公共厕所　树池篦子　绿化带

路面降噪
非机动车道　机动车道

消隐设施　附属设施　线　管　连续铺装　人行道　盲道

12

智慧灯杆
智慧照明
视频监控
WIFI覆盖
智慧发布
智慧电话亭
电子导视
智能充电
智慧井盖
智能监测
智慧围栏

13

本页　10　U形街道空间　　　12　街道空间综合提升设计

　　　11　街道界面设计　　　13　智慧街区设计

　　　　　　　　　　　　　　　14　人行空间设计及市政箱体处理

保证人行道连续，任何建筑出入口都让位于人行道

缩小树池并平整化处理，增加并优化步行道空间

盲道连续铺设，宜使用金属材质盲道砖

划定设施带

市政箱体消隐处理——特定角度，与周围环境融为一体

市政箱体遮挡处理——延续故宫做法，外围种植百日红，美化遮挡

市政箱体不锈钢花箱设计处理——融入周围环境，花箱种植

市政箱体功能化处理——将大变电箱立面作为标识牌

14

本页 15 南池子大街 7 号改造前后对比   17 ~ 18 共享厨房

      16 南池子大街改造前后对比

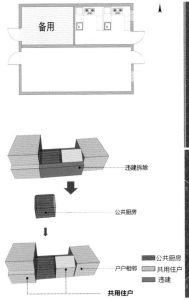

长安街及其延长线环境提升设计

二等奖 · 城市规划

建设地点 · 北京市长安街及延长线
规划用地面积 · 231.00 hm²

编制时间 · 2015.05
批复时间 · 2015.12

项目团队立足北京城市发展、注重实地调研，以"上位要求与问题导向相结合"的方式，提出长安街及其延长线的目标愿景与总体环境景观规划设计，完成如下三方面的成果：（1）环境景观规划总体方案——通过分区、分段，结合长安街的特点及地理关系明确整体空间节奏与各区段的定位愿景，完成环境景观规划总体方案，并形成专项研究成果《长安街及其延长线公共空间景观提升设计导则》；（2）公共服务设施方案——用不同主题充分反映"神州第一街"的核心价值，通过对中国文化的研究，结合长安街的重要意义，设计形成专项研究成果《长安街及其延长线公共服务设施图集》，指导各权属单位落地实施；（3）城市设计工作的推进与实施——完成建筑外立面、城市家具、标识系统、市政设施、城市照明、道路及附属设施、绿化景观、广告牌匾 8 项环境提升工作，加强了长安街及其延长线的城市风貌，为"九三大阅兵"和"中华人民共和国成立70周年庆典活动"做出了重要贡献。

设计总负责人 · 徐聪艺
项 目 经 理 · 孙 勃
建筑 · 徐聪艺 孙 勃 张 耕
园林 · 王立霞 杨晓朦 郭晓娟

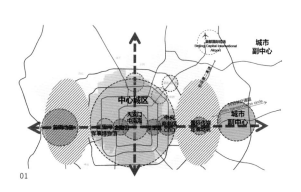

对页　　01　区域位置图　　本页　05　设计分析图　　　08　绿地护栏　　　下一跨页　11～14　长安街步道空间
　　　　02～04　节点效果图　　　　　06　公共服务设施　　09　公交站牌
　　　　　　　　　　　　　　　　　07　人行道护栏　　　10　地雕

城市设施

建筑空间

绿化空间

活动空间

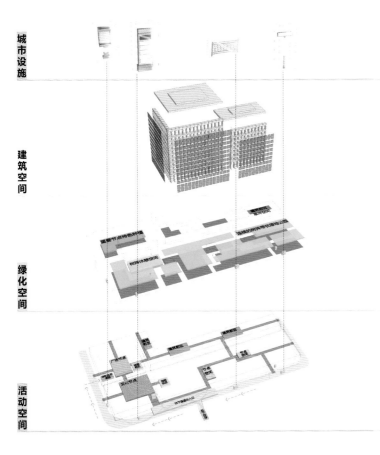

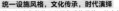

统一设施风格，文化传承，时代演绎
统一长安街整体公共服务设施风格。从古代纹样中提取祥云等元素，运用于长安街的城市设施的设计当中。它传承着中国文化，也演绎着时代印记，象征着中华民族的伟大复兴与不断发展。

平直连续，严整统一，简约大气
通过对建筑形体、色彩、材质、风格及屋顶的整体把控，保证长安街建筑界面连续规整、风貌的统一、彰显文化底蕴以及首都形象。

山水相连，节奏起伏，开合有序
构建绿地景观廊架体系，由道路绿化、开敞空间、口袋公园等构成的线性绿地，结合沿线重要政治因素、文化要素、自然要素、交通要素等特色资源，形成一条节奏起伏、舒朗壮阔、开合有序、尺度宜人的绿地公园带。

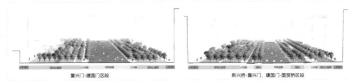

复兴门-建国门区段　　　　　　　新兴桥-复兴门、建国门-国贸桥区段

开放共享、特色鲜明、错落有致
长安街沿线公共空间应最大、全开放地面向市民，绿化与步行空间结合设计，景观及公共空间应严守整齐边界，各分段严格按标准段设计原则及尺度模数控制空间规模及连续性。

05

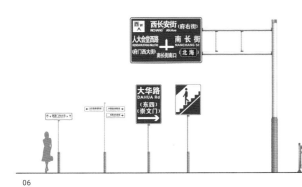  

06

07

08

09

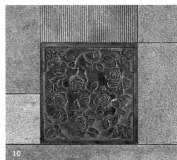

10

其他获奖项目

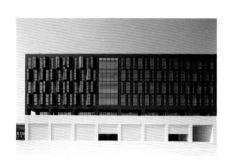

北京市自来水集团供水抢险中心

三 等 奖 • 办公建筑
建设地点 • 北京市海淀区
用地面积 • 1.22 hm²
建筑面积 • 2.59 万 m²
建筑高度 • 30.00 m
设计时间 • 2013.12
建成时间 • 2019.01

中华保险大厦

三 等 奖 • 办公建筑
建设地点 • 北京市丰台区
用地面积 • 0.48 hm²
建筑面积 • 5.44 万 m²
建筑高度 • 99.45 m
设计时间 • 2012.06
建成时间 • 2019.11

中国科学院力学研究所钱学森工程科学实验
基地 12 号、13 号楼

三 等 奖 • 科研建筑
建设地点 • 北京市怀柔区
用地面积 • 1.11 hm²
建筑面积 • 1.66 万 m²
建筑高度 • 44.00 m
设计时间 • 2016.11
建成时间 • 2019.11

中国科学院微生物研究所 H 座

三 等 奖 • 科研建筑
建设地点 • 北京市朝阳区
用地面积 • 0.47 hm²
建筑面积 • 3.00 万 m²
建筑高度 • 45.00 m
设计时间 • 2012.05
建成时间 • 2019.09

淄博市文化中心——淄博陶瓷琉璃国
艺馆、中国陶瓷琉璃馆建筑群

三 等 奖 • 商业服务建筑
建设地点 • 山东省淄博市
用地面积 • 30.89 hm²
建筑面积 • 6.49 万 m²
建筑高度 • 32.90 m
设计时间 • 2016.02
建成时间 • 2019.04

淄博市文化中心 ABC 组团及中央金带、
C 组团

三 等 奖 • 博览建筑
建设地点 • 山东省淄博市
用地面积 • 30.89 hm²
建筑面积 • 7.43 万 m²
建筑高度 • 46.36 m
设计时间 • 2016.02
建成时间 • 2019.04

新北片区公建配套工程

三 等 奖 • 综合楼建筑
建设地点 • 四川省成都市
用地面积 • 2.01 hm²
建筑面积 • 5.18 万 m²
建筑高度 • 24.00 m
设计时间 • 2015.02
建成时间 • 2018.01

和田市环湖新区双语示范幼儿园

三 等 奖 • 教育建筑
建设地点 • 新疆维吾尔自治区和田市
用地面积 • 2.31 hm²
建筑面积 • 1.70 万 m²
建筑高度 • 16.70 m
设计时间 • 2016.12
建成时间 • 2018.06

合肥市蜀山区产业园四期公租房

三 等 奖 • 居住建筑
专 项 奖 • 装配式
建设地点 • 安徽省合肥市
用地面积 • 11.85 hm²
建筑面积 • 33.81 万 m²
建筑高度 • 69.2 m
设计时间 • 2013.11
建成时间 • 2017.10

援萨摩亚太平洋运动会综合体育馆

三 等 奖 • 体育建筑
建设地点 • 萨摩亚独立国阿皮亚市
用地面积 • 3.01 hm²
建筑面积 • 0.56 万 m²
建筑高度 • 18.7 m
设计时间 • 2018.06
建成时间 • 2019.05

2019 年第七届世界军人运动会帆船比赛
码头

三 等 奖 • 体育建筑
建设地点 • 湖北省武汉市
用地面积 • 8.50 hm²
建筑面积 • 0.44 万 m²
建筑高度 • 14.00 m
设计时间 • 2016.05
建成时间 • 2019.05

北京市东城区隆福寺片区风貌规划
与城市设计

三 等 奖 • 城市规划
建设地点 • 北京市东城区
用地面积 • 20 hm²
建筑面积 • 12.50 万 m²
设计时间 • 2018.03
批复时间 • 2020.09

三教庙景区整体保护利用规划设计

三 等 奖 • 城市规划
建设地点 • 北京市东城区
用地面积 • 108 hm²
建筑面积 • 1.90 万 m²
设计时间 • 2018.01
建成时间 • 2019.06

中车国际广场小学室内精装修设计

室内专项奖 • 教育建筑
建设地点 • 山西省太原市
装修改造面积 • 2.16 万 m²
设计时间 • 2018.06
建成时间 • 2019.06

中央党校（国家行政学院）欣正楼书店
装修改造

室内专项奖 • 文化建筑
建设地点 • 北京市海淀区
装修改造面积 • 0.16 万 m²
设计时间 • 2019.04
建成时间 • 2019.10

2016 年唐山世界园艺博览会低碳生活园

景观专项奖 • 博览建筑
建设地点 • 河北省唐山市
景观面积 • 3.15 hm²
设计时间 • 2014.08
建成时间 • 2015.12

什刹海环湖绿道提升规划与设计（一期）

景观专项奖 • 景观园林
建设地点 • 北京市西城区
用地面积 • 12.50 hm²
设计时间 • 2017.08
建成时间 • 2019.08